U0069279

飲食與生活
Diet and Life
第二版
張玉欣、柯文華◎著
Yogurt
Yogurt

張 序

睽違十五年，《飲食與生活》進行了第一次的改版。台灣在過去十五年來，不僅餐飲產業產生極大變化，如米其林認證於2018年開始將台灣納入評鑑系統；餐廳廚師的養成從過去的學徒制轉而成為大多數的學院派，改變餐廳人力結構的生態，其扮演的角色也逐漸從廚房內場走到外場與消費者接觸；民眾的飲食習慣也因為高科技的應用而產生許多的變化，包括近年來最流行的外送平台、生鮮食物的線上採購等。如何將以上這些變化在第二版完整呈現，是思考下筆的重點。

而影響飲食生活最劇烈的事件是2014年爆發的劣質黑心豬油事件，讓台灣的食品安全蒙上一層陰影。政府相關部門即自2015年陸續修訂食安法規，企圖彌補食安漏洞。產品標示、食材生產履歷等確保食材的來源安全成為食安重要的防線，也是之後消費者在飲食生活需特別重視的一環。因此這些知識與資訊的來源顯得格外重要。2019年爆發的新冠肺炎疫情更是造成全球餐飲業重創，改變所有人的飲食與用餐習慣，而未來面對類似的情境該如何自處與因應，都成為這本書的琢磨之處。

此次與共同作者輔仁大學餐旅管理系系主任柯文華教授一同進行內文修正，柯教授不僅是食品安全的專家，也關注餐飲工作場所的食品衛生，並積極推廣環保減碳等飲食新生活。這次透過改版的機會將過去數年的研究推廣成果置於內文一同分享，不僅是我的榮幸，也是讀者的福氣。

未來希望讀者，包括可能是餐飲業未來的菁英，能夠藉由這本書籍的內容獲得正確的飲食知識。不僅檢視自己的飲食生活習慣，也可進行導正，並協助帶領消費者從中獲得食物與營養之相關知識、從事健康的飲食生活。

不論修改內容的比例多寡，必然仍有不足之處，希望使用此書的老師們能夠持續予以指正，一同打造台灣正確的飲食生活。

張玉欣 謹識

2021年5月6日

柯 序

飲食與生活之間存在著密不可分的關聯，如何將飲食融入生活更是現代人重要的課題。人們飲食時考慮的因素相當多，包含營養健康、衛生安全、烹調美味等，如何吃得健康、吃得愉快，讓正確的飲食觀融入快樂的生活中，正是大家所追求。本書希望能讓讀者以深入淺出的方式瞭解其內涵，將正確的飲食概念，實際運用在生活。

業界工作後再進入學界教書，這些年來，發現理論與實務結合在一起，實在是一件不容易的事。本書以日常生活中常見的飲食問題爲出發點，並配合政府所提出的飲食與營養的新概念結合，目的希望使消費者將理論能實際應用於生活，不僅是吃，也能多關心飲食在生活中的意義與價值，以期能吃得健康，生活愉快，提高飲食的品質。希望藉由本書，讓更多的消費者可以獲得正確的觀念，以便進行觀念的推廣，讓正確飲食能在生活中傳遞著。

然而由於教學與研究的工作繁忙，撰寫過程尚有許多不勝完美之處，尚請讀者及前輩指正與見諒，您的支持將是晚輩持續努力的動力。

柯文華 謹識

目 錄

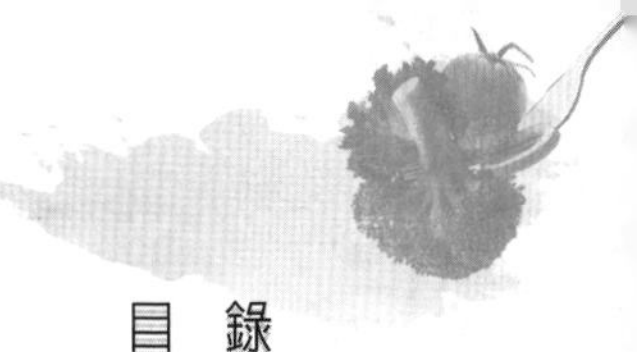

緒　論

學習目的

- 瞭解食物、健康與文化對生活的意義

所有生物都需要吸取適當的能量（energy）才能生存。鳥類需要能量才能飛翔，魚也需要能量才能游泳，植物在光合作用過程中需要能量來生產食物；人類則需要能量才能從事走路、跑步或做運動等活動。但以上所有的活動都涉及到能量的交換。

在每個生態系統（ecosystem）中，生物體都透過餵養（feeding）關係聯繫在一起。在任何生態系統中，都有很多餵養關係，但能量基本上是從初級生產者流向各種消費者。這些餵養關係及其相互作用可以由食物鏈（food chain）和食物網（food web）表示，可參考**圖1-1**。人類也是屬於這個生態系統中的成員，**圖1-2**顯示人類在食物網可能扮演的角色。

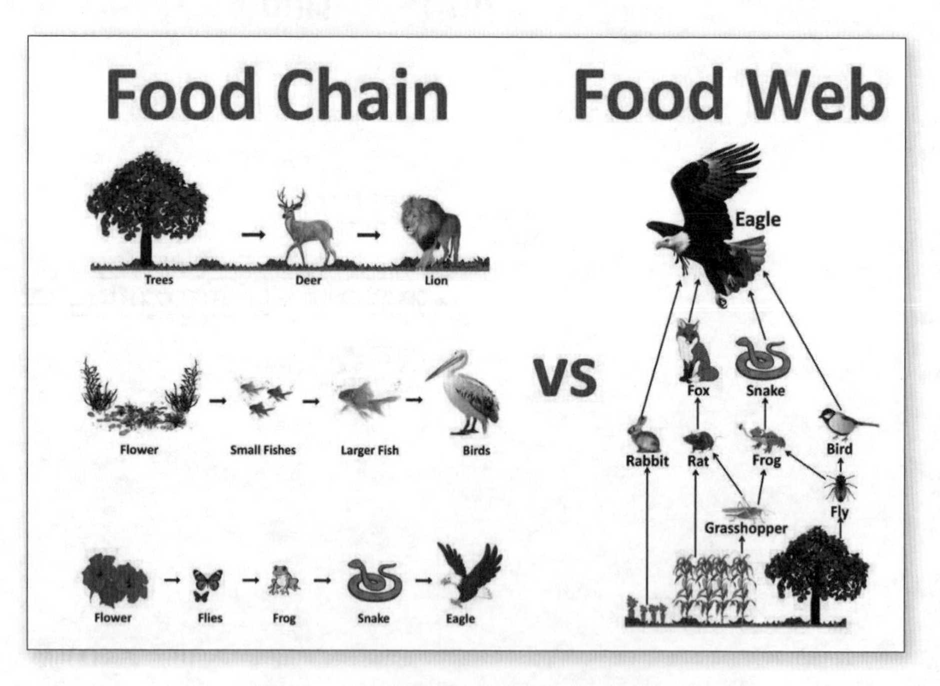

圖1-1　生態界的食物鏈與食物網

資料來源：https://www.tEachoo.com

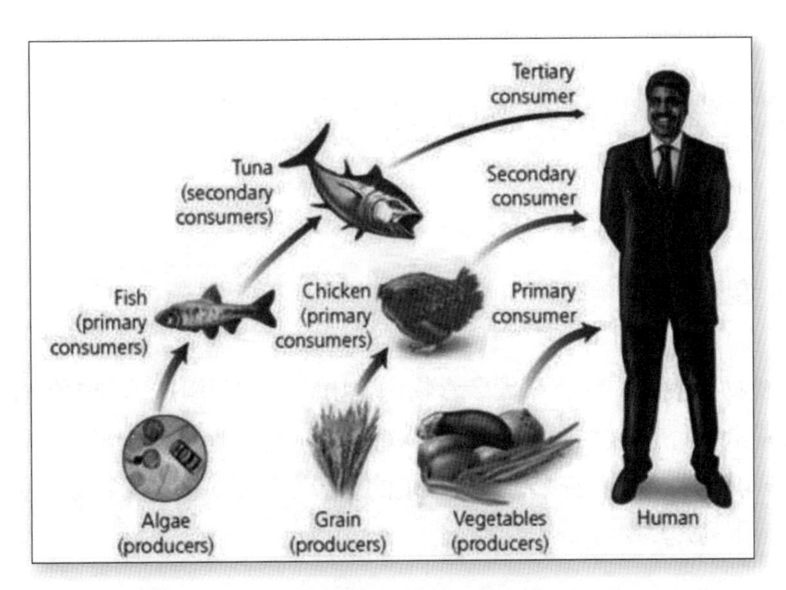

圖1-2　人類在生態界的食物網可能扮演的角色

人類需要靠食物的攝取以持續生命，而飲食的內容與過程也隨著環境的改變逐漸產生複雜的變化。

人們的生活方式，由早期的務農型社會轉至都市型，由單純轉爲競爭，再由簡單轉爲複雜；飲食型態從各家族的自給自足，至市場購買食材再進行烹煮，到時間的壓迫與社交圈的擴大，直接外食的機會因而愈來愈多。隨著資訊的進步與交通的便利，飲食國際化也已成爲現今的飲食發展趨勢。飲食受到生活環靜的影響而變化急速，兩者間有著密不可分的關係。

第一節　食物與生活

一、食物的分類

食物是複雜的物質，大多食物均是由許多成分組成，其中包含大量的營養素，而這些營養素能夠維持人體的營養需求與能量所需。食物的成分組成除了受食物本身影響外，環境的影響亦甚鉅，影響食物成分組成的因素有下列幾點：

1.品種與環境：植物的品種與氣候決定營養價值，動物也受其品種及生長環境而影響其肉質結構或組成。像是近年來的海洋汙染逐漸惡化，已有醫師建議孕婦與嬰幼兒應少吃深海大型魚類，因爲其位在食物鏈高階，體內容易累積重金屬汙染物。

2.食物的貯存：食物內含有的營養素有些會受日光（例如維生素C）或貯存溫度而產生裂解與變化，因此在食物的挑選及貯存上要特別重視。以容易被溫度影響品質的花生醬爲例，花生醬等食物容易在28～30℃產生黴菌，這種黴菌會釋放能產生致癌物質的黃麴毒素，因此高溫潮濕的環境，會促使食物變質。

3.加工技術：食品經加工後可能會改變其原有的組成，像是烹煮或高溫殺菌的過程，會將部分對熱敏感的營養素破壞，而改換其原有的營養價值，甚至創造出其他的營養物質。因此在選擇加工食品時，由於多數食品已改變了原有的營養特性，消費者應針對其現有營養標示的營養價值再加以考慮是否選購。

由於飲食型態的變化，食物的選擇愈來愈多，由天然食品到加工、冷藏與冷凍食品，因爲加工業的開發，讓農產品得以保存，並因而給農民帶來較佳的經濟收入；且隨著食品科技的進步，各種講求保健與高效能食品不斷推出，如從傳統雞精到現今流行的「滴雞精」，改變了人們對吃的品質與想法，多元化的飲食也讓人們的生活變得更不一樣。

二、影響食物的選擇

影響人類飲食選擇的因素相當複雜，諸如生理特徵、營養知識、收入、職業、教育程度、宗教與種族等特性均會影響人們對選擇食物的喜好度。一般常見的影響因素如下：

1.性別：男性因爲勞力工作量較女性大，體力消耗也多，因此澱粉含量高的主食，如麵、飯類，以及蛋白質含量高的肉類，爲其主要的選擇因素。

2.營養知識：營養知識愈豐富者，愈可因瞭解個人體質而吸收相關飲食的營養，選取適合自己身體所需的營養素；而營養知識缺乏者，則可能依個人喜好及所居環境來選擇進食的種類。

3.社經地位：收入豐厚者對食物整體品質的要求較高，白領階級者因工作忙碌也多爲外食。

4.教育程度：教育程度愈高者其營養知識也較爲豐富，選擇營養素較爲恰當，也較有機會獲取新知。

5.宗教與種族：人們會因宗教不同而對食物的選擇出現極大差異，亦會影響食材價值的評估，例如印度教不吃牛肉與豬肉、回教的穆斯林則不食豬肉、日本人愛吃生魚片等。

一般消費者對食物的選擇仍會考量其成本、便利性及可用性，特別在現今生活繁忙的社會，選擇方便購買並配合便利製備的食物已成爲選購食品的重要因素。

飲食的功能除了能提供基本的維生功能外，更是人與人間關係的聯繫，早年社會會藉由食物或送禮來傳達彼此的感情，以增加彼此感情的維持。此外，因飲食種類不同也發展出不同的文化與習俗，飲食可成爲加強文化與習俗的重要因素，拉近人與人之間的距離。

三、食物與烹調

烹調，使人類從野蠻到文明，讓食物從原來的「粗食」，變得更爲精緻與美觀化。烹調爲食物原物料從生至熟的過程，烹調技術的發展，從陶器、銅器、鐵器烹調器材的開發，自柴、枯葉到煤炭，多種烹調法的發展，增加菜餚的細緻度且更具變化性。

清朝的「滿漢全席」，即爲結合烹調方法與設備，將烹調技術發展至巔峰。人的口味是由味覺、嗅覺、觸覺、視覺及聽覺所構成，烹調方式影響口味的呈現，也影響了消費者的喜好程度；原先組織較軟的食物，可藉由烹調技術中燒烤或炸使其表面酥脆，口感及風味均達到改變的效果，而增加食品的豐富性，像是炸雞。由此可知，烹調技術的開發，亦爲食品科學業者努力發展的重點。

第二節　健康與生活

一、營養素的分類

營養學是一門與人體有關的科學，其能協助瞭解食物中所含的營養物質，並藉由此物質提供身體所需要的熱能、促進生長並維持身體機能；另外，藉由營養素的協調，則可維持人類正常的生理運作，並促進健康的生活。

食物內具有養分，其提供的營養對人體各種機能具有重要的影響。營養素可分爲六大類：(1)醣類；(2)脂肪；(3)蛋白質；(4)維生素；(5)礦物質；(6)水。而營養素的主要作用爲：(1)提供燃料；(2)建造與修補身體的組織；(3)生長與發育；(4)調節生理反應；(5)維持身體組成等功能。由於食物爲營養素的主要來源，人們需要瞭解營養知識，才能進而明白營養、疾病與健康之間的關係。並經由飲食指南，瞭解自己應選擇的合適飲食，才能培養適當的飲食習慣。

二、營養與健康

近年來由於各類物資與生活水準的提高，國人的飲食因而日益講求精緻與美味，不過對於飲食的品質要求、消費知識與習慣卻未隨之提升。現代人處於壓力的社會環境中，健康問題受到相當的挑戰，各類健康問題，諸如營養過剩、厭食症等營養不均的飲食問題，嚴重影響人們生活的品質。

行政院衛生署（現在之衛服部）從民國70年起，委辦第一次國民營養調查，希望藉由調查之結果來瞭解國民營養之狀況，以作爲政府改善國民營養之依據。一般進行營養調查的方式包括：

1.膳食調查：瞭解各種食物及營養素的攝取狀況，常用的方法有食物盤存法、二十四小時回憶法、食物攝取記錄、飲食歷史等。
2.臨床檢查：可作爲判斷營養缺乏症及其他疾病的參考。
3.體位調查：常測量身高、體重、皮下脂肪厚度等項目。
4.生化評估：分析血液、尿液以瞭解攝食情形與營養不良所引起的體內代謝變化情形。

爲繼續偵測國民營養健康狀況之變遷，詳細剖析台灣各地區、各生命期及特殊族群的飲食營養相關問題及疾病之現況，於民國93-97年度舉行「國民營養健康狀況變遷調查」，以便瞭解國人的營養攝取與健康狀況。

健康是人類生存的最主要基本條件，然而健康的維持與促進，則受到社會因素、環境與個人生活影響而產生差異（陳曉悌，2003）。世界衛生組織（WHO）於1981年推動健康城市的方案，希望及藉由整合健康政策與城市發展，例如環境改造、教育、社區組織等多元管道，幫助社區參與，使生活結合，提升國民的健康。在2020《康健》「健康城市大調查」中，台北市靠著生活環境之主要因素再度奪冠，前五名當中，台中市排名大躍進，從去年的第四名一舉躍居亞軍，高雄市、嘉義市和彰化縣則分居三、四、五名。

健康與飲食習慣二者息息相關、密不可分，國內外學者也指出飲食與健康二者密不可分的關係，一般人的飲食常是複合性食物，鮮少單一營養素存在於單一食物中，單一食物中也包含多種營養素，因此唯有同時注重營養與飲食的選擇，才可眞實顯現出飲食的行爲，也唯有瞭解飲食的選擇，選擇最適當的飲食組合，才可減緩許多慢性病的發生，有助於健康的維持，以提升良好的生活品質。根據內政部於2020年發布的資訊顯示，截至民國109年，國人的平均壽命爲80.9歲，其中男性77.7歲、女性84.2歲，皆創歷年新高。與全球平均壽命比較，我國男、女性平均壽命分別高於全球平均水準7.5歲及9.2歲。

第三節　飲食文化與生活

一、飲食文化的意義

文化是在一個團體中能被所有成員接受的一種態度、執行方法及信仰；一個團體因地理因素或種族隔離被孤立時，其文化所呈現的行爲也就愈爲強烈。文化是種族的聚合體，一個民族或國家中可能包含不同的種族，因此其所包含的文化種類也就不相同。當人們從一個區域遷移到不同區域時，必須學會適應新社會，將原有的傳統文化與當地文化結合成爲新的文化，因此文化影響人們生活，也讓生活呈現更多元化。在早期文化的適應中，由於飲食是在家中的一種隱私行爲，因此飲食文化較慢受到影響。「國以民爲本，民以食爲天」，民族與文化結合而發展當地的特色，飲食習俗是人們生活中不可或缺的組成部分，各民族間文化的差異，呈現在各民族的傳統飲食習俗中，藉由飲食習俗可以間接瞭解各民族間發展的特色及重要性。

二、飲食文化的區隔

中華飲食有著豐富的歷史，對人類文明具有重要貢獻，特別在日本、東南亞、南亞及西亞均受中華飲食影響甚大。中國南方主食爲稻米，北方主食爲小麥製品；在肉食的選擇上較西方國家少，不過仍以肉食爲其主要蛋白質的來源，鮮少飲用乳品；蔬菜方面的攝取廣泛，然而水果的攝取量則相對較少；茶則是中國人常飲用的飲料，因此中國茶道文化頗爲盛行；中華料理一般以熱炒爲主，鮮少冷食。

隨著第一波七〇至九〇年代華人留學生及移民的增加，也帶動了美洲、歐洲及紐澳中式餐飲的水準。至於西方飲食對東方飲食的影響，也提供了更多的原料來源、精製份量的提供與飲食科學化，除了重視食物營養與材料，也開始對食材化學成分、大量食材加工技術及食品衛生安全知識加以探討。異國飲食的融入，也開啓了多變化與多色彩的文化視野。由此可知，瞭解飲食與生活之間的關係，並不只是瞭解吃，而是讓人們的生活更具有價值與藝術。

由上述說明可知，飲食與生活的相互關係，然而現代人對飲食的要求已不再是以吃飽爲目的，其飲食已逐漸形成下列觀點：

1. 食物的豐盛：在華人社會裡，宴客仍重視需有魚及肉，以突顯自己的社經地位，但因爲環保議題的爭議，已有大部分的人選擇不再食用魚翅等高級食材。

2.精緻性：食物製備及加工的精緻，導致忽略了自然的產品。

3.快速：時間就是金錢，半成品、外帶需求增加，外送市場更是蓬勃發展。

4.口味獨特性：在現代人的飲食中，飲食與生活已結合爲一體，從食物－營養－購買－處理－烹調－食用等各程序環環相扣，到底要怎麼吃，如何保有食物本身及文化涵義，確實考驗著現代人的智慧；

5.優先選擇認證餐廳：台灣餐飲界自從2018年開始入列米其林認證，國人不再需要出國才能吃米其林餐廳，台灣獲得認證的星級餐廳也產生一位難求的現象。另外，其他認證餐廳，如苗栗與客委會的客家菜認證餐廳、農委會推動的食材溯源餐廳認證等，都提供消費者更多資訊進而選擇欲消費的餐飲。

懂得將飲食的特性與人們生活習慣結合爲一，就可獲得良好的飲食與生活品質。本書即從食物與營養之間的關係開始瞭解食物，進一步介紹食物製備過程，最後與各地飲食文化結合，瞭解飲食在人類生活中所扮演的角色。

一、中文

林万登譯（2002）。《餐飲營養學》。台北：桂魯。

張玉欣（2020）。《飲食文化概論》（第四版）。新北：揚智文化。

吳幸娟、章雅惠、方佳雯、潘文涵（1999）。〈台灣地區成人攝取的食物總重量、熱量及三大營養素的食物來源—NAHSIT 1993－1999〉。《中華民國營養學會雜誌》，24(1)，41-58。

陳曉悌、李怡娟、李汝禮（2003）。〈健康信念模式之理論源起與應用〉。《台灣醫學》，7(4)，632-639。

二、網站

https://www.teachoo.com/11180/3204/Difference-between-Food-Chain-and-Food-Web/category/Extra-Questions/，2020年10月12日瀏覽。

https://www.texasgateway.org/resource/relationships-between-organisms-food-chains-webs-and-pyramids，2020年10月12日瀏覽。

行政院衛生署食品資訊網，http://food.doh.gov.tw/Chinese/Chinese.asp

林慧淳、陳蔚承（2020）。〈2020《康健》健康城市大調查　首善之都穩住寶座，台中險勝高雄〉。《康健雜誌》，第262期。

國人平均壽命80.9歲 台灣人比全球更長壽，中天快點TV，2020年8月5日，https://gotv.ctitv.com.tw/2020/08/1379657.htm，2021年2月2日瀏覽。

國民營養調查，https://pedia.cloud.edu.tw/Entry/Detail/?title=%E5%9C%8B%E6%B0%91%E7%87%9F%E9%A4%8A%E8%AA%BF%E6%9F%A5&search=%E5%9C%8B%E6%B0%91%E7%87%9F%E9%A4%8A%E8%AA%BF%E6%9F%A5，2020年10月12日瀏覽。

衛生福利部國民健康署監測調查及報告，https://www.hpa.gov.tw/Pages/List.aspx?nodeid=3998

營養與飲食

學習目的

- 瞭解營養素
- 認識六大類食物
- 均衡飲食的意義
- 何謂國民飲食指標
- 飲食建議的資訊

第一節 營養素的定義

營養素存在於食物中，這些營養素經人體攝取後，轉變成身體的組織，以維持生命。一般營養素常分類爲有機物的醣類、蛋白質、脂質、維生素，及無機物的水和礦物質，各營養素特性將簡述如下：

一、醣類

醣類一般又稱碳水化合物，主要由碳、氫及氧三種元素所組成，是體內最經濟的熱量來源。人體靠攝取醣類以作爲熱量的來源，每克產生4大卡的熱量，多餘的醣類則轉換成脂肪貯存於體內。

二、蛋白質

蛋白質主要由胺基酸所組成，爲身體主要構造材料，是維持健康與活力的主要成分之一。體內共有二十二種胺基酸，其依排列順序與種類不同而造就身體不同的功能。蛋白質雖然每克也產生4大卡熱量，但其主要功能在建構及修補身體組織，因此很少作爲熱量的來源。

三、脂質

脂質爲高濃度的熱量來源，每克脂肪可提供9大卡的熱量，因此人及動物均有脂肪以避免寒冷，脂肪由脂肪酸所組成，脂肪可幫助脂溶性維生素的吸收，並增加飽足感。

四、維生素

維生素依其溶解度不同可區分爲脂溶性及水溶性維生素，脂溶性維生素包含A、D、E、K四種，水溶性維生素則包括維生素B群及C。**表2-1**爲水溶性與脂溶性之特性差別。維生素雖然不能提供熱源，但它爲調節代謝反應所必需，因此量少但卻很重要。**表2-2**爲維生素的一般特性介紹。

表2-1　水溶性與脂溶性維生素之特性

特性	水溶性	脂溶性
溶解性	可溶於水	不溶於水，可溶於油脂或有機溶劑
人體貯存量之使用期限	大都較為短期 維生素B_{12}：3～5年 葉酸：3～4個月 維生素C、B_2、B_6：2～6週 B_1、生物素、泛酸：4～10天	中到長期 維生素A：1～2年 維生素D、E、K：2～6週
功能	簡單和複雜的有機體均需要	只有複雜的有機體才需要
需求	每日飲食均需提供	每日飲食之需要略寬鬆
缺乏	缺乏症狀展現很快（數週到數月）	缺乏症狀展現慢（數月到數年）
過量之反應	症狀很快展現，數小時到數天，但持續時間較短	症狀表現很慢，持續的時間長，數天到數月
排出	過量與代謝產物經由尿液排出	部分可由膽汁排出

表2-2　維生素特性介紹

品名	溶解性	功能	主要來源
維生素A	脂溶性	・增強在光線不足時的視力 ・維持黏膜正常功能 ・皮膚光潔幼嫩	紅蘿蔔、綠色蔬菜、蛋黃、肝
維生素D	脂溶性	・有助牙齒及骨骼發育 ・補充骨骼所需鈣質，防止骨質疏鬆症	魚肝油、奶製品、蛋
維生素E	脂溶性	・對抗游離基，有助防癌及心血管病 ・改善傷口回復平滑 ・有助降低血壓	植物油、深綠色蔬菜、蛋、牛奶、肝、麥、果仁
維生素K	脂溶性	・凝血作用，有助修補及骨骼生長	花椰菜、蛋黃、肝、棵麥等
維生素B_1	水溶性	・強化神經系統功能 ・保持心臟正常活動	豆類、糙米、牛奶、家禽
維生素B_2	水溶性	・維持口腔及消化道黏膜的健康 ・維持視力防止白內障	瘦肉、肝、蛋黃、糙米、綠色蔬菜
維生素B_6	水溶性	・保持身體及精神於正常現狀 ・維持體內鈉、鉀成分得到平衡 ・製造紅血球	瘦肉、核果、糙米、綠色蔬菜
維生素B_{12}	水溶性	・防止貧血 ・製造紅血球 ・防止神經受到破壞	肝、魚、牛奶、腎
葉酸	水溶性	・製造紅血球及白血球，增強免疫能力	蔬菜、肉及酵母等
菸鹼酸	水溶性	・保持皮膚健康及維持血液循環 ・有助神經系統正常運作	綠色蔬菜、肝、腎、蛋等
泛酸	水溶性	・製造抗體，增強免疫力 ・幫助碳水化合物、脂肪及蛋白質轉成能量	糙米、肝、蛋、肉
維生素C	水溶性	・對抗游離基，有助防癌 ・減低膽固醇 ・加強身體免疫力，對抗疾病 ・防止壞血病	水果（特別是橙類與芭樂）綠色蔬菜、番茄、馬鈴薯等

五、礦物質

礦物質又稱爲無機鹽，其中鈣、磷、鈉及鉀等在人體含量較多，又稱爲巨量礦物質，其餘含量少又稱爲微量營養素。幾種常見的主要礦物質的特性介紹如**表2-3**。

表2-3　常見礦物質的特性介紹

礦物質	功能	來源
鈣	・形成骨骼與牙齒，防軟骨症或O型腿、骨質疏鬆症或手足易抽筋 ・幫助血液的凝固 ・幫助細胞中部分酵素的活動 ・維持細胞與組織之間的緊密結合	牛奶以及乳製品、魚骨、綠色蔬菜、豆類、蛋、鈣和磷在食物中常常同時存
磷	・構成骨骼和牙齒 ・形成細胞中高能量磷酸根時所必需的物質	起司、牛奶、魚、蛋、肉類
鐵	・形成紅血球中血紅素所必需的物質，人體體內的鐵元素約有60%存在於紅血球，缺乏鐵質會引起貧血 ・肌肉中氧的貯藏所 ・幫助體內一些酵素活動	肝臟、紅肉類、深綠色蔬菜、蛋黃
碘	・為甲狀腺分泌的甲狀腺素中的一種成分，而甲狀腺素和控制體內能量釋放的速率有關	海水魚、貝類、海帶（昆布）
鈉	・調節人體水分的平衡 ・與肌肉收縮和神經系統傳導時所產生的電位有關 ・和心臟節律有關	番茄汁、煙燻、鹽醃或醃漬的肉類和魚類、醃漬蔬菜、食鹽
鉀	・和肌肉收縮和神經系統傳導時所產生的電位有關 ・維持規律的心跳	核果類、肉魚類、香蕉、水果、蔬菜
鋅	・生長和產能時所必需 ・睪丸運作和產生精子所必需 ・傷口癒合以及皮膚和眼睛的健康	堅果類、全穀粒穀類製品、牡蠣、肉類、大豆

六、水分

人體內水分占總體重的三分之二，水是運送營養素及其他物質的介質，其可調節體溫、參與體內生化反應，並作爲良好的溶劑。

第二節　六大類食物介紹

我們將食物依其特性分爲六大類，此六大類分別爲全穀雜糧類、乳品類、豆魚蛋肉類、蔬菜類、水果類及油脂與堅果種子類。各種食物依照建議的份量攝食，則可達到健康成人每天所需的熱量及營養素，每種食物中所含的營養素種類及份量不同，唯有廣泛攝取各種食物，才能達到身體中各種營養素及熱量的所需要量，六大類食物說明如下：

一、全穀雜糧類

主要提供醣類，每個人體型及活動量不同，所需熱量也不一樣，故可依個人的需要量增減。白米飯是最常被當作主食的全穀雜糧類食物，搭配其他全穀雜糧類，例如糙米飯、全麥饅頭、甘藷、紅豆、綠豆等來獲取其他營養素（維生素B群、維生素E、礦物質及膳食纖維），才是眞正聰明的食用方法！正常人每餐飯量建議比自己的拳頭多一點，若換成粥、麵、冬粉、米粉，每餐所吃的量大約是飯的2倍。

二、乳品類

主要提供蛋白質、脂肪、乳糖、鈣質、維生素A及B_2等營養素，其營養價値較爲均勻，但其缺乏維生素C及纖維素，應配合補充肉類、蔬果等。代表食物為牛奶、乳酪、發酵乳等。每天早晚建議各喝一杯奶（一杯約240毫升）才能補充足夠的鈣質，年長者與還在發育的孩童更要特別注意乳品的攝取，乳品是很好的蛋白質營養來源。

三、豆魚蛋肉類

主要提供蛋白質，建議儘量選擇脂肪含量較低的豆魚蛋肉類食物，優先選擇順序是豆製品、魚類與海鮮、蛋，最後是肉類，並且避免油炸及加工肉品，每餐大約吃一掌心的份量。

四、蔬菜類

主要提供維生素、礦物質及膳食纖維，膳食纖維能增加飽食感又可刺激腸胃道蠕動，有助於正常排泄，預防便秘，另外也有許多對健康有益處的植化素，像是花青素、胡蘿蔔素、茄紅素、多醣體等。通常深綠色、深黃色的蔬菜含維生素及礦物質的量比淺色蔬菜多。每餐都要攝取煮熟後體積比拳頭多一些的蔬菜類食物才足夠，建議選擇當季盛產的蔬菜，既新鮮又便宜。

五、水果類

主要提供維生素、礦物質及部分醣類，水果外皮也含有植化素、膳食纖維等，有些水果其實可以洗乾淨後連皮直接吃。此外，要儘量選擇台灣在地的當季水果，建議每餐吃一個拳頭大小的份量。水果與蔬菜都能提供維生素及礦物質，但其所含的維生素及礦物質的種類並不相同，所以不可互相取代或省略其中一項。

六、油脂與堅果種子類

主要提供脂質，油脂可增加食物的美味、幫助脂溶性維生素的吸收、抑制胃酸分泌、延緩腸胃蠕動速度、產生飽足感。油脂類食物主要可分爲飽和及不飽和脂肪酸，因飽和脂肪含量高的油品（牛油、豬油、椰子油等），對心血管健康較爲不利，故建議選擇不飽和脂肪含量高且反式脂肪爲「零」的油品（橄欖油、葵花油、大豆油等），每日食用約4～5茶匙。此外，每餐攝取1茶匙的無調味堅果種子（約一大拇指節量），如花生、腰果、芝麻、瓜子、核桃、杏仁及開心果等。除了提供脂肪外，也富含維生素E及礦物質等，取代食用油會更健康，但也需適量食用以免攝取過多熱量。

第三節　均衡飲食

民以食爲天，任何人都離不開「食」的問題，中國人自古對吃都特別講究，從出生到老死，食的問題一直圍繞著我們的生活，但是我們重視吃，並不代表我們會吃，且吃得好、吃得恰到好處。過去營養不良，現在反而成爲營養不均甚至營養過剩的問題，所謂「均衡飲食」是指每日由飲食中獲得足夠量的身體所需每種營養素，且吃入與消耗的熱量達到平衡，也是維持身體健康的基礎。六大類食物中的每類食物提供不同的營養素，每類食物都要吃到建議量，才可維持均衡。**圖2-1**爲衛生福利部國民健康署所制訂的《每日飲食指南手冊》。如何「均衡飲食」是我們每個人現在所追求的問題，因此我們實有必要瞭解每種食物其特殊的營養價值，供應身體所需。

國人膳食營養素參考攝取量（Dietary Reference Intakes, DRIs）乃以健康人爲對象，爲維持和增進國人健康以及預防營養素缺乏而訂定。其

圖2-1　每日飲食指南手冊

中包括平均需要量（Estimated Average Requirement, EAR）、建議攝取量（Recommended Dietary Allowance, RDA）、足夠攝取量（Adequate Intake, AI）、上限攝取量（Tolerable Upper Intake Level, UL）等。建議攝取量（RDA）是指一般健康人必需營養素的攝取標準。一個人對營養素的需求受許多因素所影響，例如身體健康狀況、環境、社會條件及飲食習慣等，因此所設立的攝取量以期能適應大多數的人。攝取量是指營養素實際要被消耗的量，需考量食物製備及烹調過程中營養素的流失量及轉變情形；一般常使用攝取量來判斷一個人的營養攝取情形是否恰當，當某人營養素攝取量等於或超過建議攝取量時，則表示食物能滿足其營養需求，如果攝取量長期低於建議攝取量，則會出現營養不足的情形。

每日飲食規劃原則仍以預防營養素缺乏爲目標（須達70% DRIs），也同時參考最新的流行病學研究成果，將降低心臟血管代謝疾病及癌症風險的飲食原則列入考量，建議以合宜的三大營養素比例（蛋白質10～20%、脂質20～30%、醣類（碳水化合物）50～60%）。我們利用食物中所含的營養素來維持生命。日常活動的體力源自於醣類和脂肪所產生的熱量，蛋白質是人體生長發育與新陳代謝的必需原料，維生素與礦物質可以調節生理作用。食物的營養價值是根據食物所含營養素的種類和份量而定，藉由《每日飲食指南手冊》可使消費者瞭解食物的攝取量。六大類食物中之每份及熱量計算說明如下：(1)全穀雜糧類：以15公克醣類爲計算基準，約爲70大卡；(2)乳品類：以8公克蛋白質爲計算基準，約爲150大卡；(3)豆魚蛋肉類：以7公克蛋白質爲計算基準，約爲75大卡；(4)蔬菜類：以100公克生重爲一份；(5)水果類：以100公克可食部分爲一份；(6)油脂與堅果種子類：以5公克脂肪爲計算基準，約爲45大卡。飲食中建議避免使用高脂家畜肉，並減少烹調用油的使用，而改以堅果種子及綠色蔬菜來增加維生素E的攝取；此外，國人之鉀、鈣的攝取量較爲不足，藉由深色蔬菜及全穀類來增加此礦物質之攝取，也建議主食的1/3以未精緻全穀類來取代精緻穀類。

《每日飲食指南手冊》的使用方法爲：(1)找出自己的健康體重（**表2-4**）；(2)查出自己的生活活動強度（**表2-5**）；(3)查出自己的熱量需求（**表2-6**）；(4)依熱量需求，查出自己的六大類飲食建議份數（**表2-7**）。**表2-8**爲六大類食物的代換表。

就地取材，選食本地的各類生鮮食物，新鮮又營養。日常飲食應儘量選擇各類食物，不偏食也不過量爲最主要原則。雖然《每日飲食指南手冊》主要能帶領消費者瞭解所需食用的食物使用的指標，然而在使用飲食指南的同時，也須瞭解各群人之間的差異性。

表2-4 健康體重與範圍

身高（公分）	健康體重（公斤）	正常體重範圍（公斤）18.5≤BMI*<24	身高（公分）	健康體重（公斤）	正常體重範圍（公斤）18.5≤BMI*<24
145	46.3	38.9～50.4	168	62.1	52.2～67.6
146	46.9	39.4～51.1	169	62.8	52.8～68.4
147	47.5	40.4～51.8	170	63.6	53.5～69.3
148	48.2	40.5～52.5	171	64.3	54.1～70.1
149	48.8	41.1～53.2	172	65.1	54.7～70.3
150	49.5	41.6～53.9	173	65.8	55.4～71.7
151	50.2	42.2～54.6	174	66.6	56.0～72.6
152	50.8	42.7～55.3	175	67.4	56.3～73.4
153	51.5	43.3～56.1	176	68.1	57.4～74.2
154	52.2	43.9～56.8	177	68.9	58.0～75.1
155	52.9	44.4～57.6	178	69.7	58.6～75.9
156	53.5	45.0～58.3	179	70.5	59.3～76.8
157	54.2	45.6～59.1	180	71.3	59.9～77.7
158	54.9	46.2～59.8	181	72.1	60.6～78.5
159	55.6	46.8～60.6	182	72.9	61.3～79.4
160	56.3	47.4～61.3	183	73.7	62.0～80.3
161	57.0	48.0～62.1	184	74.5	62.6～81.2
162	57.7	48.6～62.9	185	75.3	63.3～82.0
163	58.5	49.2～63.7	186	76.1	64.0～82.9
164	59.2	49.8～64.5	187	76.9	64.7～83.8
165	59.9	50.4～65.2	188	77.8	65.4～84.7
166	60.6	51.0～66.0	189	78.6	66.1～85.6
167	61.4	51.6～66.8	190	79.4	66.8～86.5

*身體質量指數（Body Mass Index, BMI）＝體重（公斤）／身高^2（公尺^2）

表2-5　生活活動強度

生活活動強度		
低		
生活動作	時間（小時）	日常生活的內容
安靜	12	靜態活動，睡覺、靜臥或悠閒的坐著（例如：坐著看書、看電視等）
站立	11	
步行	1	
快走	0	
肌肉運動	0	
稍低		
生活動作	時間（小時）	日常生活的內容
安靜	10	站立活動，身體活動程度較低、熱量較少，例如：站著說話、烹飪、開車、打電腦
站立	9	
步行	5	
快走	0	
肌肉運動	0	
適度		
生活動作	時間（小時）	日常生活的內容
安靜	9	身體活動程度為正常速度、熱量消耗較少，例如：在公車或捷運上站著、用洗衣機洗衣服、用吸塵器打掃、散步、購物等強度
站立	8	
步行	6	
快走	1	
肌肉運動	0	
高		
生活動作	時間（小時）	日常生活的內容
安靜	9	身體活動程度較正常速度快或激烈，熱量消耗較多，例如：上下樓梯、打球、騎腳踏車、有氧運動、游泳、登山、打網球、運動訓練等運動
站立	8	
步行	5	
快走	1	
肌肉運動	1	

表2-6 各性別、年齡與生活活動強度之每日熱量需求

查出自己的熱量需求							
性別	年齡	*熱量需求（大卡）				*身高（公分）	*體重（公斤）
		活動強度					
		低	稍低	適度	高		
男	19-30	1850	2150	2400	2700	171	64
	31-50	1800	2100	2400	2650	170	64
	51-70	1700	1950	2250	2500	165	60
	71+	1650	1900	2150		163	58
女	19-30	1500	1700	1950	2150	159	55
	31-50	1450	1650	1900	2100	157	54
	51-70	1400	1600	1800	2000	153	52
	71+	1300	1500	1700		150	50

＊以94～97年國民營養健康狀況變遷調查之體位資料，利用50th百分位身高分別計算身體質量指數（BMI）＝22時的體重，再依照不同活動強度計算熱量需求。

表2-7 依熱量需求的六大類飲食建議份量

依熱量需求，查出自己的六大類飲食建議份數							
	1200 大卡	**1500 大卡**	**1800 大卡**	**2000 大卡**	**2200 大卡**	**2500 大卡**	**2700 大卡**
全穀雜糧類（碗）	1.5	2.5	3	3	3.5	4	4
全穀雜糧類（未精製*）（碗）	1	1	1	1	1.5	1.5	1.5
全穀雜糧類（其他*）（碗）	0.5	1.5	2	2	2	2.5	2.5
豆魚蛋肉類（份）	3 **(註1)**	4 **(註2)**	5	6	6	7	8
乳品類（杯）	1.5	1.5	1.5	1.5	1.5	1.5	2
蔬菜類（份）	3 **(註3)**	3	3	4	4	5	5
水果類（份）	2	2	2	3	3.5	4	4
油脂與堅果種子類（份）	4	4	5	6	6	7	8

（續）表2-7　依熱量需求的六大類飲食建議份量

依熱量需求，查出自己的六大類飲食建議份數							
	1200大卡	1500大卡	1800大卡	2000大卡	2200大卡	2500大卡	2700大卡
油脂類（茶匙）	3	3	4	5	5	6	7
堅果種子（份）	1（註4）	1	1	1	1	1	1

*「未精製」主食品，如糙米飯、全麥食品、燕麥、玉米、甘薯等，依據「六大類食物簡介」。「其他」指白米飯、白麵條、白麵包、饅頭等。以「未精製」取代「其他」，更佳。

（註1）高鈣豆製品至少占1/3以保鈣質充裕；（註2）攝取1500大卡的青少年，高鈣豆製品至少占1/3以確保鈣質充裕；（註3）深色蔬菜比例至少占1/2以確保鈣質充裕；（註4）選擇高維生素E堅果種子的種類，包括花生仁、杏仁片、杏仁果、葵瓜子、松子仁。

表2-8　六大類食物代換份量

六大類食物代換份量
全穀雜糧類1碗（碗為一般家用飯碗、重量為可食重量）
＝糙米飯1碗或雜糧飯1碗或米飯1碗 ＝熟麵條2碗或小米稀飯2碗或燕麥粥2碗 ＝米、大麥、小麥、蕎麥、燕麥、麥粉、麥片80公克 ＝中型芋頭4/5個（220公）或小番薯2個（220公克） ＝玉米2又2/3根（340公克）或馬鈴薯2個（360公克） ＝全麥饅頭1又1/3個（120公克）或全麥吐司2片（120公克）
豆魚蛋肉類1份（重量為可食部分生重）
＝黃豆（20公克）或毛豆（50公克）或黑豆（25公克） ＝無糖豆漿1杯＝雞蛋1個 ＝傳統豆腐3格（80公克）或嫩豆腐半盒（140公克）或小方豆干1又1/4片（40公克） ＝魚（35公克）或蝦仁（50公克） ＝牡蠣（65公克）或文蛤（160公克）或白海蔘（100公克） ＝去皮雞胸肉（30公克）或鴨肉、豬小里肌肉、羊肉、牛腱（35公克）
乳品類1杯（1杯＝240毫升全脂、脫脂或低脂奶＝1份）
＝鮮奶、保久乳、優酪乳1杯（240毫升） ＝全脂奶粉4湯匙（30公克） ＝低脂奶粉3湯匙（25公克） ＝脫脂奶粉2.5湯匙（20公克） ＝乳酪（起司）2片（45公克） ＝優格210公克

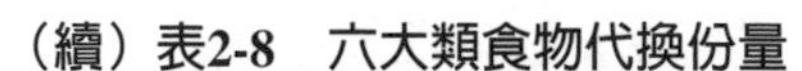
（續）表2-8 六大類食物代換份量

六大類食物代換份量
蔬菜類1份（1份為可食部分生重約100公克）
＝生菜沙拉（不含醬料）100公克 ＝煮熟後相當於直徑15公分盤1碟，或約大半碗 ＝收縮率較高的蔬菜如莧菜、地瓜葉等，煮熟後約占半碗 ＝收縮率較低的蔬菜如芥蘭菜、青花菜等，煮熟後約占2/3碗
水果類1份（1份為切塊水果約大半碗～1碗）
＝可食重量估計約等於100公克（80～120公克） ＝香蕉（大）半根70公克 ＝榴槤45公克
油脂與堅果種子類1份（重量為可食重量）
＝芥花油、沙拉油等各種烹調用油1茶匙（5公克） ＝杏仁果、核桃仁（7公克）或開心果、南瓜子、葵花子、黑（白）芝麻、腰果（10公克）或各式花生仁（13公克）或瓜子（15公克） ＝沙拉醬2茶匙（10公克）或蛋黃醬1茶匙（8公克）

第四節 國民的飲食指標

依照衛福部國民健康署國民飲食指標手冊，其內容分爲以下十二點：

1.飲食應依《每日飲食指南手冊》的食物分類與建議份量，適當選擇搭配。特別注意應吃到足夠量的蔬菜、水果、全穀、豆類、堅果種子及乳製品：爲使營養均衡，應依《每日飲食指南手冊》的食物分類與建議份量，選擇食物搭配飲食！攝取足量的蔬菜、水果、乳品類、全穀、豆類與豆製品以及堅果種子類，可減少罹患多種慢性疾病的危險。每日攝取的蔬菜水果中應至少1/3以上是深色（包括深綠和黃橙紅色等）。

2.瞭解自己的健康體重和熱量需求，適量飲食，以維持體重在正常範圍內：長期吃入過多熱量，會使體內脂肪囤積，增加各種慢性疾病的危險。可參考《每日飲食指南》進行飲食的熱量參考。

3.維持多活動的生活習慣，每週累積至少一百五十分鐘中等費力身體活動，或是七十五分鐘的費力身體活動：維持健康必須每日進行充分的身體活動，並可藉此增加熱量消耗，達成熱量平衡及良好的體重管理。培養多活動生活習慣，活動量調整可先以少量爲開始，再逐漸增加到建議活動量。

4.母乳哺餵嬰兒至少六個月，其後並給予充分的副食品：以全母乳哺餵嬰兒至少六個月，對嬰兒一生健康具有保護作用。嬰兒六個月後仍鼓勵持續哺餵母乳，同時需添加副食品，並訓練嬰兒咀嚼、吞嚥、接受多樣性食物，包括蔬菜水果，並且養成口味清淡的飲食習慣。媽媽哺餵母乳時，應特別注意自身飲食營養與水分的充分攝取。

5.三餐應以全穀雜糧爲主食：全穀（糙米、全麥製品）或其他雜糧含有豐富的維生素、礦物質及膳食纖維，更提供各式各樣的植化素成分，對人體健康具有保護作用。

6.多蔬食少紅肉，多粗食少精製：飲食優先選擇原態的植物性食物，如新鮮蔬菜、水果、全穀、豆類、堅果種子等，以充分攝取微量營養素、膳食纖維與植化素。儘量避免攝食以大量白糖、澱粉、油脂等精製原料所加工製成的食品，因其大多空有熱量，而無其他營養價值。健康飲食習慣的建立，可先由一些小的改變開始做起，以漸進方式達成飲食目標。

7.飲食多樣化，選擇當季在地食材：六大類食物中的每類食物宜力求變化，增加食物多樣性，可增加獲得各種不同營養素及植化素的機會。儘量選擇當季食材，營養價值高，較爲便宜，品質也好。在地食材不但較爲新鮮，且符合節能減碳的原則。

8.購買食物或點餐時注意份量，避免吃太多或浪費食物：購買與製備餐飲，應注意份量適中，儘量避免加大份量而造成熱量攝取過多或食物廢棄浪費。

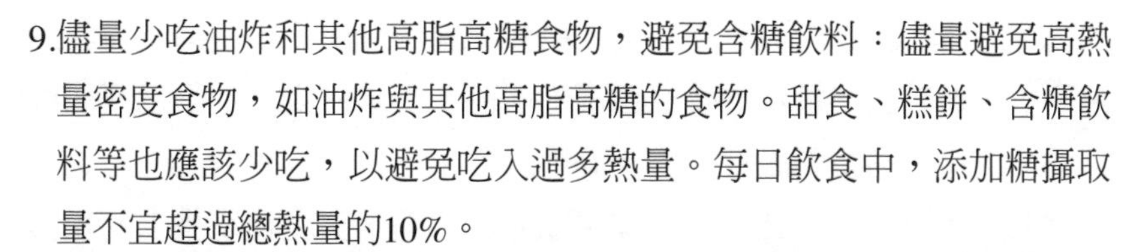

9.儘量少吃油炸和其他高脂高糖食物，避免含糖飲料：儘量避免高熱量密度食物，如油炸與其他高脂高糖的食物。甜食、糕餅、含糖飲料等也應該少吃，以避免吃入過多熱量。每日飲食中，添加糖攝取量不宜超過總熱量的10%。

10.口味清淡、不吃太鹹、少吃醃漬品、沾醬酌量：飲食口味儘量清淡。重口味、過鹹、過度使用醬料及其他含鈉調味料、鹽漬食物，均易吃入過多的鈉，而造成高血壓，也容易使鈣質流失。注意加工食品標示的鈉含量，每日鈉攝取量應限制在2,400毫克以下，並選用加碘鹽。

11.若飲酒，男性不宜超過2杯／日（每杯酒精10公克），女性不宜超過1杯／日，但孕期絕不可飲酒。長期過量飲酒容易造成營養不均衡、傷害肝臟，甚至造成癌症。酒類每杯的份量是指：啤酒約250毫升，紅、白葡萄酒約100毫升，威士忌、白蘭地及高粱酒等烈酒約30毫升。

12.選擇來源標示清楚，且衛生安全的食物：食物應注意清潔衛生，且加以適當貯存與烹調。避免吃入發霉、腐敗、變質與汙染的食物。購買食物時應注意食物來源、食品標示及有效期限。

第五節　飲食建議

一、飲食建議原則

消費者在決定應選擇何種食物，基本上需依不同情況設計適當的飲食。飲食規劃時所需考慮的因素可分爲下列幾點：

1.家庭成員：人體對營養素的需求依其年齡、性別、體型、活動量、生理狀況不同而產生差異，例如兒童、青少年、孕婦及哺乳期的婦女應增加熱量及營養價值高的產品；若爲病人，則應依其病因調整飲食，例如高血壓應給予低鈉飲食。

2.飲食習慣：飲食設計過程中應考慮心理、文化及宗教上的差異，例如猶太人不可吃豬肉，其他肉類例如家禽也應只吃前半部，且一定要先將所有血液清除，魚吃有鱗片的魚；回教限制豬肉的攝取，回教齋月，則在伊斯蘭曆的九月從日出到日落時間必須禁食。夏天應設計清爽或清淡的飲食，冬天則可選擇味道較重的飲食。

3.經濟狀況：飲食選擇過程中需考量經濟上的因素，如此才可計畫採購的量與品質，選擇適合季節的產品可以既營養又實惠，善用食物代換表，選擇同一類食物中價格較便宜的食物，此爲不失營養價值的一個好方法。

4.飲食多樣化：每天應力求菜色的變化，除了營養素的多樣化，也需考慮色彩、烹煮方式的多樣性，並注意餐食間的飽足感與氣氛，但必須注意應包含六大食物類。

二、食物代換表

每一類的食物所能供給的營養素不盡相同，沒有任何單一的食物能供給身體所需的所有營養素，但它們卻有互補作用或相互代替作用，因此，各類食物一起供應，才能達到均衡飲食的需要，也才能得到維持健康所需的所有營養素。食物代換的意義乃是將食物中的醣類、蛋白質和脂肪含量相近的物質歸爲同類，這樣有助於每天能選擇不同的食物，以提供消費者飲食選擇的多樣化，例如：水果類中一個小蘋果、半根香蕉與半盎司柳橙汁均含有10公克的醣類，因此這些食物是能替代的。每類食物的代換綜合說明簡單呈現如**表2-9**。**表2-10**到**表2-15**爲各類食品食物代換表。

一般單位換算如下：

1杯＝16湯匙＝240公克（cc）　　1公斤＝1,000公克＝2.2磅

1湯匙＝3茶匙＝15毫升　　1磅＝16盎司＝454公克

1台斤（斤）＝600公克＝16兩　　1盎司＝30公克

1兩＝37.5公克　　1市斤＝500公克

表2-9　食物代換表統整

品名	蛋白質（公克）	脂肪（公克）	醣類（公克）	熱量（大卡）
乳品類（全脂）	8	8	12	150
（低脂）	8	4	12	120
（脫脂）	8	+	12	80
豆魚蛋肉類				
（低脂）	7	3	+	55
（中脂）	7	5	+	75
（高脂）	7	10	+	120
全穀雜糧類	2	+	15	70
蔬菜類	1		5	25
水果類	+		15	60
油脂與堅果種子類		5		45

+：表微量

（註）有關主食類部分，若採糖尿病、低蛋白飲食時，米食蛋白質含量以1.5公克，麵食蛋白質以2.5公克計。

表2-10　乳品類食物代換表

全脂：每份含蛋白質8公克，脂肪8公克，醣類有12公克，熱量150大卡		
名稱	份量	計量
全脂奶	1杯	240毫升
全脂奶粉	4湯匙	30公克
蒸發奶	1/2杯	120毫升
*起司片	2片	45公克
*乳酪絲		35公克

（續）表2-10　乳品類食物代換表

低脂：每份含蛋白質8公克，脂肪4公克，醣類有12公克，熱量120大卡		
名稱	份量	計量
低脂奶	1杯	240毫升
低脂奶粉	3湯匙	25公克
優格（無糖）	3/4杯	210公克
優酪乳（無糖）	1杯	240毫升
脫脂：每份含蛋白質8公克，醣類有12公克，熱量80大卡		
名稱	份量	計量
脫脂奶	1杯	240毫升
脫脂奶粉	2.5湯匙	20公克

（註）＊醣類含量較其他乳製品為低，每份醣類含量（公克）：起司片2.9、乳酪絲2.1。

表2-11　豆魚蛋肉類食物代換表

每份含蛋白質7公克，脂肪3公克以下，熱量55大卡			
項目	食物名稱	可食部分生重（公克）	可食部分熟重（公克）
水產[1]	◎蝦米	15	
	◎小魚干	10	
	◎蝦皮	20	
	魚脯	30	
	鰹魚、鮪魚	30	
	一般魚類	35	
	白鯧	40	
	蝦仁	50	
	◎◎小卷（鹹）	35	
	◎花枝	60	
	◎◎章魚	55	
	＊魚丸（不包肉）（＋10公克碳水化合物）	55	55
	牡蠣	65	35
	文蛤	160	
	白海參	100	
家畜	豬大里肌（瘦豬後腿肉）（瘦豬前腿肉）	35	30

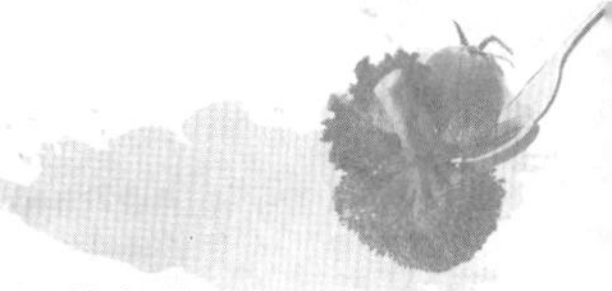

（續）表2-11 豆魚蛋肉類食物代換表

每份含蛋白質7公克，脂肪3公克以下，熱量55大卡			
項目	食物名稱	可食部分生重（公克）	可食部分熟重（公克）
家畜	牛腱	35	
	＊牛肉干（＋5公克碳水化合物）	20	
	＊豬肉干（＋5公克碳水化合物）	15	
	＊火腿（＋5公克碳水化合物）	45	
家禽	雞里肉、雞胸肉	30	
	雞腿	40	
內臟	牛肚	50	
	◎雞肫	40	
	豬心	45	
	◎豬肝	30	20
	◎◎雞肝	40	30
	◎膽肝	20	
	◎◎豬腎	45	
	◎◎豬血	110	
蛋	雞蛋白	60	
豆類及其製品	黃豆（＋5公克碳水化合物）	20	
	黑豆（＋10公克碳水化合物）	25	
	毛豆（＋5公克碳水化合物）	50	
	豆包	30	
	干絲	40	
	臭豆腐	50	
	無糖豆漿	190毫升	
	麵腸	35	
	麵丸	40	
	# 烤麩	35	

（註）
＊含碳水化合物成分，熱量較其他食物為高。
◎每份膽固醇含量50～99毫克。
◎◎每份膽固醇含量≥100毫克。
#資料來源：中國預防醫學科學院、營養與食品衛生研究所編註之食物成分表。
(1) 本精算油脂時，水產脂肪量以1公克以下計算。

（續）表2-11　豆魚蛋肉類食物代換表

每份含蛋白質7公克，脂肪5公克，熱量75大卡			
項目	食物名稱	可食部分生重（公克）	可食部分熟重（公克）
水產	虱日魚、烏魚、肉鯽、鹹馧魚、鮭魚	35	30
	＊魚肉鬆（＋10公克碳水化合物）	25	
	鱈魚、比目魚	50	
	＊虱目魚丸、花枝丸（＋7公克碳水化合物）	50	
	＊旗魚丸、魚丸（包肉）（＋7公克碳水化合物）	60	
家畜	豬大排、豬小排	35	30
	豬後腿肉、豬前腿肉、羊肉、豬腳	35	30
	＊豬肉鬆（＋5公克碳水化合物）、肉脯	20	
	低脂培根	40	
家禽	雞翅、雞排	40	
	雞爪	30	
	鴨賞	25	
內臟	豬舌	40	
	豬肚	50	
	◎◎豬小腸	55	
	◎◎豬腦	60	
蛋	◎◎雞蛋	55	
豆類及其製品	＊豆枝（＋5公克油脂 ＋30公克碳水化合物）	60	
	百頁結	50	
	油豆腐	55	
	豆豉	35	
	五香豆干	35	
	小方豆干	40	
	黃豆干	70	
	傳統豆腐	80	
	嫩豆腐	140（1/2盒）	

（續）表2-11　豆魚蛋肉類食物代換表

每份含蛋白質7公克，脂肪5公克，熱量75大卡				
項目	食物名稱		可食部分生重（公克）	可食部分熟重（公克）
豆類及其製品	＊素獅子頭	5	50	
	＊素火腿	3	40	
	＊素油雞	7	55	
	＊素香鬆	12	25	

（註）＊含碳水化合物成分，熱量較其他食物為高。
◎◎每份膽固醇含量≥100毫克。

每份含蛋白質7公克，脂肪10公克，熱量120大卡		
食物名稱	可食部分生重（公克）	可食部分熟重（公克）
秋刀魚	35	
牛肉條	40	
＊豬肉酥（＋5公克碳水化合物）	20	
◎雞心	45	
素雞	40	
素魚	35	
＊素雞塊（＋7公克碳水化合物）	50	
百頁豆腐	70	
麵筋泡	15	

每份含蛋白質7公克，脂肪10公克，熱量135大卡以上，應少食用			
項目	食物名稱	可食部分生重（公克）	可食部分熟重（公克）
家畜	豬蹄膀	40	
	梅花肉	35	
	牛腩	40	
	◎◎豬大腸	100	
加工製品	香腸、蒜味香腸、五花臘肉	40	
	熱狗、五花肉	50	
	＊素肉燥（＋10公克碳水化合物）	65	

（註）＊含碳水化合物成分，熱量較其他食物為高。
◎每份膽固醇含量50～99毫克。
◎每份膽固醇含量≥100毫克。

表2-12　全穀雜糧類

每份含蛋白質2公克，醣類有15公克，熱量70大卡					
名稱	份量	可食重量（公克）	名稱	份量	可食重量（公克）
米類			△燒餅（＋1/2茶匙油）	1/4個	20
米、黑米、小米、糯米等	1/8杯（米杯）	20	△油條（＋3茶匙油）	2/3根	40
糙米、什穀米、胚芽米	1/8杯（米杯）	20	◎甜不辣		70
飯	1/4碗	40	根莖類		
粥（稠）	1/2碗	125	馬鈴薯（3個／斤）	1/2個（中）	90
白年糕		30	番薯（4個／斤）	1/2個（小）	55
芋頭糕		60	山藥	1塊	80
蘿蔔糕6×8×1.5公分	1塊	50	芋頭（滾刀塊3-4塊）	1/5個（中）	55
豬血糕		35	荸薺	8粒	100
小湯圓（無餡）	約10粒	30	蓮藕		100
麥類			雜糧類		
大麥、小麥、蕎麥		20	玉米或玉米粒	2/3根	85
麥粉	4湯匙	20	爆米花（不加奶油）	1杯	15
麥片	3湯匙	20	◎薏仁	1 1/2湯匙	20
麵粉	3湯匙	20	◎蓮子（乾）	40粒	25
麵條（乾）		20	栗子（乾）	3粒（大）	20
麵條（濕）		30	菱角	8粒	60
麵條（熟）	1/2碗	60	南瓜		85
拉麵		25	◎豌豆仁		70
油麵	1/2碗	45	◎皇帝豆		65
鍋燒麵（熟）		60	高蛋白質乾豆類		
◎通心粉（乾）	1/3杯	20	◎紅豆、綠豆、花豆	2湯匙（乾）	25
◎義大利麵（乾）、全麥		20	◎蠶豆、刀豆	2湯匙（乾）	20
麵線（乾）		25	◎鷹嘴豆	2湯匙（乾）	25
餃子皮	3張	30	其他澱粉製品		
餛飩皮	3～7張	30	＊冬粉（乾）	1/2把	15
春捲皮	1 1/2張	30	＊藕粉	3湯匙	20
饅頭	1/3個（中）	30	＊西谷米（粉圓）	1 1/2湯匙	15
山東饅頭	1/6個	30	＊米苔目（濕）		50
吐司、全麥吐司	1/2～1/3片	30	＊米粉（乾）		20
餐包	1個（小）	30	＊米粉（濕）	1/2碗	30～50
漢堡麵包	1/2個	25	芋圓、地瓜圓（冷凍）		30
△菠蘿麵包（＋1茶匙油）	1/3個（小）	30	河粉（濕）		25
△奶酥麵包（＋1茶匙油）	1/3個（小）	30	越南春捲皮（乾）		20
蘇打餅干	3片	20	蛋餅皮、蔥油餅皮（冷凍）		35

（註）＊蛋白質較其他主食為低，飲食需限制蛋白質時可多利用。每份蛋白質含量（公克）：冬粉0.02、藕粉0.02、西谷米0.02、米苔目0.3、米粉0.1、蒟蒻0.1。

◎蛋白量較其他主食為高。每份蛋白質含量（公克）：通心粉2.5、義大利麵2.7、甜不辣8.8、薏仁2.8、蓮子4.8、豌豆仁5.4、紅豆5.1、綠豆5.4、花豆5.3、蠶豆2.7、刀豆4.9、鷹嘴豆4.7、皇帝豆5.1。

△菠蘿麵包、奶酥麵包、燒餅、油條等油脂量較高。

表2-13 蔬菜類

每份可食部分100公克，含蛋白質1公克，醣類5公克，熱量25大卡			
食物名稱			
＊黃豆芽	胡瓜	葫蘆瓜	蒲瓜（扁蒲）
木耳	茭白筍	＊綠豆芽	洋蔥
甘藍	高麗菜	山東白菜	包心白菜
翠玉白菜	芥菜	萵苣	冬瓜
玉米筍	小黃瓜	苦瓜	甜椒（青椒）
澎湖絲瓜	芥蘭菜嬰	胡蘿蔔	鮮雪裡紅
蘿蔔	球莖甘藍	麻竹筍	綠蘆筍
小白菜	韭黃	芥蘭	油菜
空心菜	＊油菜花	青江菜	美國芹菜
紅鳳菜	＊皇冠菜	紫甘藍	萵苣葉
＊龍鬚菜	花椰菜	韭菜花	金針菜
高麗菜芽	茄子	黃秋葵	番茄（大）
＊香菇	牛蒡	竹筍	半天筍
＊苜蓿芽	鵝菜心	韭菜	＊地瓜葉
芹菜	茼蒿	＊紅莧菜	（番薯葉）
＊荷蘭豆菜心	鵝仔白菜	＊青江菜	白鳳菜
＊柳松菇	＊洋菇	猴豆菇	＊黑甜菜
芋莖	金針菇	＊小芹菜	莧菜
野苦瓜	紅梗珍珠菜	川七	番茄罐頭
角菜	菠菜	＊草菇	

（註）#本表依照蔬菜鉀離子含量排列由左至右，由上而下漸增。下欄之鉀離子含量最高，因此血鉀高的病人應避免食用。

＊表示該蔬菜之蛋白質含量較高。

表2-14　水果類

每份含碳水化合物15公克，熱量60大卡				
食物名稱		購買量（公克）	可食量（公克）	份量
柑橘類	油柑（金棗）（30個／斤）	120	120	6個
	柳丁（4個／斤）	170	130	1個
	香吉士	185	130	1個
	椪柑（3個／斤）	190	150	1個
	桶柑（海梨）（4個／斤）	190	155	1個
	＊白柚	270	165	2片
	葡萄柚	245	165	3/4個
蘋果類	青龍蘋果	130	115	小1個
	五爪蘋果	140	125	小1個
	富士蘋果	145	130	小1個
瓜類	＊＊哈密瓜	300	150	1/4個
	＊木瓜（1個／斤）	165	150	1/3個
	＊＊香瓜（美濃）	245	165	2/3個
	＊紅西瓜	320	180	1片
	黃西瓜	320	195	1/3個
	＊＊太陽瓜	240	215	2/3個
	＊＊新彊哈密瓜	290	245	2/5個
芒果類	金煌芒果	140	105	1片
	愛文芒果	225	150	1 1/2片
芭樂類	＊葫蘆芭樂	—	155	1個
	＊土芭樂	—	155	1個
	＊泰國芭樂（1個／斤）	—	160	1/3個
梨類	西洋梨	165	105	1個
	粗梨	140	120	小1個
	水梨	210	145	3/4個
桃類	仙桃	75	50	1個
	水蜜桃（4個／斤）	150	145	小1個
	＊玫瑰桃	150	145	1個
	＊＊桃子	250	220	1個
李類	黑棗梅（12個／斤）	115	110	3個
	加州李（4個／斤）	125	120	小1個
	李子（14個／斤）	155	145	4個
棗類	紅棗	30	25	10個
	黑棗	30	25	9個
	＊綠棗子	140	130	2個

（續）表2-14　水果類

每份含碳水化合物15公克，熱量60大卡				
食物名稱		購買量（公克）	可食量（公克）	份量
柿類	柿餅	35	33	3/4個
	紅柿（6個／斤）	105	100	3/4個
其他	榴槤	130	45	1/4瓣
	＊釋迦（3個／斤）	105	60	1/2個
	＊香蕉（3根／斤）	95	70	大1/2 根小1根
	櫻桃	85	80	9個
	紅毛丹	150	80	
	山竹（7個／斤）	420	84	5個
	葡萄	105	85	13個
	＊龍眼	130	90	13個
	荔枝（30個／斤）	185	100	9個
	火龍果		110	
	＊奇異果（6個／斤）	125	105	1 1/2個
	鳳梨（4斤／個）	205	110	1/10片
	百香果（6個／斤）		140	2個
	枇杷	230	155	
	＊草莓	170	160	小16個
	蓮霧（6個／斤）	180	165	2個
	楊桃（2個／斤）	180	170	3/4個
	＊聖女番茄	220	220	23個
果乾類#	椰棗		20	
	芒果乾		20	
	芭樂乾		20	
	無花果乾		20	
	葡萄乾		20	
	蔓越莓乾		20	
	鳳梨乾		20	
	＊龍眼干		22	
	黑棗梅		25	
	芒果青		30	

（註）＊每份水果含鉀量200～399毫克。
＊＊每份水果含鉀量≧400毫克。
#果乾類合添加糖。

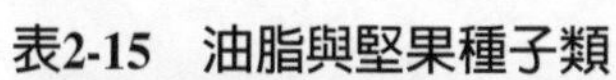

表2-15　油脂與堅果種子類

油脂類每份含脂肪5公克，熱量45大卡			
食物名稱	購買量（公克）	可食量（公克）	份量
植物油			
大豆油	5	5	1茶匙
玉米油	5	5	1茶匙
花生油	5	5	1茶匙
紅花子油	5	5	1茶匙
葵花子油	5	5	1茶匙
麻油	5	5	1茶匙
椰子油	5	5	1茶匙
棕櫚油	5	5	1茶匙
橄欖油	5	5	1茶匙
芥花油	5	5	1茶匙
椰漿（＋1.5公克碳水化合物）	30	30	
椰奶（＋2公克碳水化合物）	55	55	
動物油			
牛油	6	6	1茶匙
豬油	5	5	1茶匙
雞油	5	5	1茶匙
＊培根	15	15	1片（25×3.5×0.1公分）
＊奶油乳酪（cream cheese）	12	12	2茶匙
其他			
瑪琪琳、酥油	6	6	1茶匙
蛋黃醬	8	8	1茶匙
沙拉醬（法國式、義大利式）	10	10	2茶匙
＊花生醬	9	9	1茶匙
鮮奶油	13	13	1湯匙
#加州酪梨（2～3個／斤）（＋3公克碳水化合物）	60	40	2湯匙（1/6個）

（續）表2-15 油脂與堅果種子類

油脂類每份含脂肪5公克，熱量45大卡				
食物名稱	購買量（公克）	可食量（公克）	份量	蛋白質（公克）
堅果類				
*瓜子	20（約50粒）	15	1湯匙	4
*南瓜子、葵花子	12（約30粒）	10	1湯匙	2
*各式花生仁	13	13	10粒	4
花生粉	13	13	2湯匙	4
*黑（白）芝麻	10	10	4茶匙	1
*杏仁果	7	7	5粒	2
*腰果	10	10	5粒	2
*開心果	15	10	15粒	2
*核桃仁	7	7	2粒	1

（註）*熱量主要來自脂肪但亦含有少許蛋白質≧1公克。

資料來源：Mahan and Raymond (2016). *Food & the Nutrition Care Process* (14th ed.), p. 1025.

三、健康飲食

隨著時代進步，追求健康已不是遙不可及，而是勢在必行的工作，健康飲食的推廣已成為近年來各餐廳及坊間飲食的賣點之一。根據行政院衛生署的統計，我國國民的健康狀況已與先進國家類似，國人十大死亡原因中，癌症、心臟病、糖尿病等均與飲食有極大的關係，為防止因飲食所引起不當的疾病，應減少攝食過多的脂肪及熱量，避免飲食的不均衡，以避免慢性疾病、癌症及肥胖等疾病的罹患率增加。因此推動符合健康原則的飲食，將是政府與全國人民必須同時努力的課題。

健康飲食的特色

國民健康署提醒民眾，重油、重鹹、多肉少蔬果、暴飲暴食的不健康飲食，會增加許多慢性疾病罹患風險，建立健康的飲食型態，是維持健康體重，遠離慢性疾病的重要關鍵，國民健康署提供民眾3多3少3均衡，聰明吃救健康，讓我們共創飲食新生活：

1.多喝白開水：多喝白開水可維持體溫恆定預防中暑，並透過排除尿液、汗以及糞便，清除體內廢物，促進腸胃蠕動進而預防便秘，以及避免尿道發炎。因白開水爲人體最健康、經濟的水份來源，建議起床一杯水、餐前喝杯水、外出要帶水，每天攝取1,500毫升以上的白開水。

2.多蔬果：蔬菜與水果含有豐富的維生素、礦物質及膳食纖維，可促進腸胃蠕動、腸道益菌生長、降低血膽固醇，天天攝取適當蔬果的份量，可促進身體健康及預防慢性疾病。蔬菜的顏色越深綠或深黃，含有的維生素A、C及礦物質鐵、鈣也越多，深色蔬菜包括地瓜葉、青江菜、菠菜、芥蘭菜、莧菜、芹菜、油菜、紅鳳菜等。水果主要提供維生素，尤其是維生素C，其外皮含有豐富的膳食纖維，例如芭樂的維生素C含量較高，又是低熱量、高纖維，易有飽足感之水果；而番茄除了提供維生素C之外，所含的番茄紅素，可抗氧化及預防癌症。

3.多全穀根莖：未精製全穀根莖類中含有各種維生素、礦物質和膳食纖維，而這些有益於健康的營養素和食物成分會受到加工處理方式影響而流失，民眾應多攝取未精製全穀根莖類，包括糙米、胚芽米、全麥、全蕎麥或雜糧、番薯、南瓜、山藥、蓮藕、蓮子、皇帝豆等。建議民眾三餐應以全穀爲主食，或至少應有1/3爲未精製全穀根莖類。

4.少油脂：依據2005～2008國民營養健康狀況變遷調查結果，我國男性、女性脂肪的攝取量及飽和脂肪攝取量皆已超過世界衛生組織建議，民眾應採低脂少油炸的飲食型態，改變烹調方式，以蒸、煮、汆燙等少油方式爲主要烹調法，使用植物油但避免高溫起鍋，避免食用含反式脂肪的食品，包括以酥油和人造奶油製作的烘焙食物

（如有「餡」糕點、甜甜圈、蛋糕）、油炸食物（如薯條、炸雞、雞塊）及點心（如爆米花、餅乾）。

5.少鹽：鹽攝取過多會使得過多的水分滯留體內，造成浮腫、水腫、血液量上升、血壓升高，增加心臟的負擔。2013年世界衛生組織指出，成人每天鈉攝取量應低於2,000毫克，食鹽攝取量應低於5公克。低鈉飲食的重點主要需以新鮮食材爲主，同時減少攝取含鈉量高的食物，包括加工類的食品，如飲料、罐頭、包裝食品；調味沾醬類，如醬油、豆瓣醬、辣椒醬等；醃製類的食物，如香腸、醬菜等。

6.少糖：攝取過多的糖會引起肥胖、糖尿病、血脂異常、癌症等慢性疾病。且糖會影響體內荷爾蒙，降低飽足感及進食後的歡愉感，使人吃進更多食物，民眾應減少甚至拒絕喝含糖飲料，且減少高糖分加工食品，如糕點、餅乾、蛋糕等精緻甜點。

7.選天然、原態、在地食材：選擇天然原態的食物可減少因加工過程中營養素的流失及額外的添加物造成身體的負擔。而當令食材是最適天候下所生產，不但營養價值高，品質好，價錢也較爲便宜。而選擇在地食材不但較爲新鮮，且減少長途運輸之能源消耗，亦符合節能減碳之原則。

8.均衡飲食：每種食物之成分均不相同，增加食物多樣性，均衡攝取各大類食物，才不致發生營養缺乏。

9.正常三餐、不過量：三餐應定時定量，不要吃零食和宵夜，或以水果取代點心。且飲食應適量，過量飲食容易造成熱量攝取過多或是食物廢棄浪費。故購買與製備餐飲時，應注意份量適中，且避免吃到飽型式的餐廳。

四、健康食品

講到「健康飲食」，那什麼又是「健康食品」？其實這是完全不同的字眼，健康飲食爲觀念問題，需要消費大衆配合並加強推廣，因此適用於全體人民；然而健康食品在衛生署是有規範及其限制，到底何謂「健康食品」呢？「健康食品」是食用後對維持身體健康有幫助的食品，而這類食品通常強調某些特殊成分，有別於一般食品。自從我國實施《健康食品管理法》後，「健康食品」這四個字已成爲法律名詞，法規上的定義是「指提供特殊營養素或具有特定之保健功效，特別加以標示或廣告，而非以治療、矯正人類疾病爲目的之食品」。這個定義說明了兩件事情：一爲健康食品的本質，另一爲健康食品的宣稱，因此其功效宣稱也不得涉及療效，亦即將健康食品定位於保健而非用於治病。

我國之所以會制定《健康食品管理法》之背景，是在於以往許多食品在行銷時，業者常故意作誇大不實的宣稱，但又沒有充分的科學證據，常使消費者誤信或根本無法辨別眞僞，因而受騙上當。另從學理觀點來看，某些食品確實具有身體保健的功能，即中醫之「藥食同源」概念。因此，世界各國都已陸續承認食品具保健功效，如美國的「膳食補充品」、日本的「特定保健用食品」、中國大陸的「保健食品」等。所以，我國在88年2月3日公布了《健康食品管理法》，並於8月3日正式實施，藉以管理市面上良莠不齊的產品，以保障消費者健康。

「健康食品」已成爲法律名詞，需向衛生福利部申請查驗登記許可，才可以稱爲「健康食品」。依《健康食品管理法》之定義，「健康食品」係爲具有實質科學證據之「保健功效」，並標示或廣告具該功效，非屬治療、矯正人類疾病之醫療效能爲目的之食品。目前經衛生署認定的保健功效共有九種，分別是：(1)調節血脂功能；(2)免疫調節功能；(3)腸胃功能改善；(4)改善骨質疏鬆；(5)牙齒保健；(6)調節血糖；(7)護肝（針對化學性肝損傷）；(8)抗疲勞功能；(9)延緩衰老功能。至於類似豐胸、美白、增高等效果，並不屬於保健功效，因其均與健康無關。

正確食用健康食品的觀念不可或缺，日常飲食中並非只要食用健康食品即可維持健康，健康食品只是膳食補充品，在每日三餐均衡飲食之外，如有需要再額外補充，並應配合適當的運動，如此才是維持健康的不

圖2-2 健康食品標示

二法門。此外，如需要購買具保健功效的食品，請認明具有「健康食品」字樣及其標章的產品，並依自身的健康狀況，先請教醫師或營養師後再適量食用。**圖2-2**為健康食品標示圖。

五、基因改造食品

《食品安全衛生管理法》第三條之定義，「基因改造」意指使用基因工程或分子生物技術，將遺傳物質轉移或轉殖入活細胞或生物體，產生基因重組現象，使表現具外源基因特性或使自身特定基因無法表現之相關技術。但不包括傳統育種、同科物種之細胞及原生質體融合、雜交、誘變、體外受精、體細胞變異及染色體倍增等技術。

基因改造食品（Genetically Modified Foods, GMF），又稱基因轉殖食品，是由基因改造生物（Genetically Modified Organisms, GMO）所加工而成。因此凡以基因重組技術所衍生的食品，皆稱之為基因改造食品。

基因改造食品在市面上呈現的方式有以下三大類：

1.原料型態的食品：食品本身就是基因改造生物，如基因改造大豆。
2.初級加工型態的食品：如基因改造大豆簡單加工磨成的豆漿。這種初級加工的食品裡還有基因／DNA，可以輕易檢測出是否含有基因改造食品。

3.高度加工型態的食品：如以基因改造大豆為原料，經過複雜程序，精製純化的大豆油。經過高度加工的食品，往往已經不含基因／DNA，很難檢驗出是否含有基因改造食品。

現有的基因重組技術所能達成之改良特性有：增加生長速度、改良營養價值、抗蟲、抗病、耐除草劑、耐低溫、延長保存期限、耐運送、改善品質或利於加工等。例如：香甜的玉米容易受到蟲害，除了用農藥來防治之外，也可利用基因轉殖技術，因此利用遺傳物質殖入活細胞或生物體，產生基因重組的現象。如此，玉米就會表現出原本沒有的特性而具有抗蟲害的功能。但是，凡事有一好就有一令人憂慮之處，即如果採用基因改造的技術讓農作物具有殺蟲的能力，恐怕會傷及無辜的生物。基因改造作物的殺蟲基因或耐除草劑基因轉移到野草的基因組中，將可能產生超級野草，或造成對除草劑免疫。

圖2-3　非基因改造食品標示

參考文獻

一、中文

尹相如（1997）。〈飲食與健康〉。《中國飲食文化基金會會訊》，3：4(11)，頁52-53。

池上保子（2002）。《食物營養事典》。台北：華文網。

林万登譯（2002）。《餐飲營養學》。台北：桂魯。

黃伯超、游素玲合著（2018）。《營養學精要》。台北：健康世界有限公司。

謝明哲等（2019）。《實用營養學》。台北：華杏。

二、網站

正確飲食習慣，https://www.hpa.gov.tw/Pages/Detail.aspx?nodeid=543&pid=8365

每日飲食指南手冊，https://www.hpa.gov.tw/Pages/EBook.aspx?nodeid=1208

基因改造食品管理專區，https://www.fda.gov.tw/tc/site.aspx?sid=3950

衛生福利部國民健康署均衡飲食，https://www.hpa.gov.tw/Pages/List.aspx?nodeid=170

聰明吃救健康——健康飲食3多3少3均衡，https://www.mohw.gov.tw/cp-2638-22554-1.html

生命期營養與膳食療養

學習目的

- 瞭解生命各階段的營養需求
- 瞭解疾病的飲食調節

人的一生中不論你在何種年齡，身分如何，健康與否，飲食的需求仍是存在的，本章節即依人的年齡與疾病不同介紹適合的飲食。

第一節　生命期營養

一、嬰兒期的營養

嬰兒期，一般指出生至1歲，這段期間是細胞分裂最旺盛的時候，也是生長與發育速度最快的時候，腦神經在初生時已形成，但脊髓神經至3歲時才發育完成，在3歲以前的營養狀況，對腦的功能具有重要影響。新生兒每天的能量，以乳製品為其基本需求，母體生產後二至三天所分泌之乳汁，稱為初乳。初乳成分濃稠、量少、抗體的含量特多，可防止新生兒發生嚴重的下痢，並且可增強新生兒對疾病的抵抗力。經幾天後，母體的初乳會漸稀薄變成普通的乳汁，母親應該儘量用母乳來哺育自己的嬰兒，餵母乳也可促進母親子宮收縮，早日恢復健康。母乳含多種抗體，增加抵抗，減少罹病率，吸收率比牛奶高，且最適合嬰兒需要，且乾淨無菌，容易消化，省時方便，經濟實惠。

寶寶在剛出生到六個月時，是以奶類（母乳最佳）為主要的食物來源，約每四小時餵一次，但餵食的次數仍應以寶寶攝取的情形作調整。母乳可持續哺育到兩歲或兩歲以上。視寶寶的發育情形，在七個月起可以添加其他的食物，添加的方式是循序漸進的，每次只能增加一種新的食物，待適應之後再添加另一種新食物。當寶寶可以吃的食物種類增加時，則一天中可以依**表3-1**建議的份數，在同一類的食物中隨意搭配不同的食物餵食，以寶寶的攝取情形作適當調整。添加之食物，宜在餵奶前給予，較易為寶寶接受。

表3-1　嬰兒一日飲食建議量

年齡（月） 食物種類	1-4	5-6	7	8	9	10	11	12
母乳或嬰兒配方食品	母乳或嬰兒配方食品（以母乳為主）							
全穀雜糧類		嬰兒米精 嬰兒麥精 或稀飯 4湯匙		2-3份		3-4份		
蔬菜類		菜泥1-2湯匙				剁碎蔬菜2-4湯匙		
水果類		果泥或鮮榨果汁1-2湯匙				軟的水果（剁碎） 或鮮榨果汁2-4湯匙		
豆魚蛋肉類			開始嘗試給予蛋黃0.5-1份			開始嘗試給予 高品質蛋白質食物1-1.5份		

* 母奶及嬰兒配方食品餵養次數主要仍依嬰兒的需求哺餵，嬰兒配方食品沖泡濃度依產品包裝說明使用。
* 嬰兒於7-12個月除了上述食物，仍會攝食母乳或配方奶，故熱量應會足夠。
* 一湯匙＝15克。

二、幼兒期營養

幼兒期是指1～6歲，其生長速率較嬰兒期緩慢，每單位體重所需的熱量和營養素逐漸下降，但因爲身體一直在長大，總熱量和營養素的需要量逐漸增加。因爲生長速率變慢自然地對食物之興趣會降低，同樣胃口亦會降低，因此每日除了三餐外，在兩餐之間通常需要吃點心補充正餐食物量的不足。攝取足夠熱量與適當身體活動，以維持健康體位，家長定時測量幼兒身高、體重，注意幼兒生長情形。幼兒飲食宜適量，避免過量及強迫餵食。飲食原則爲三餐應以全穀雜糧類爲主食、每天攝取深色蔬菜及新鮮水果、持續攝取乳品類的習慣、以黃豆及其製品取代部分的肉類、減少攝取甜食及高油脂食物、減少使用調味料及沾料、喝白開水，避免含糖及咖啡因的飲料。每天除了三餐以外，可供應一至兩次點心，點心宜安排在正餐前兩小時供給，份量以不影響正餐食慾爲原則，例如：牛奶、蛋、豆漿、豆花、當季蔬菜及水果、麵包、麵類、三明治、番薯等都是點心的好選擇，且應以多樣化爲原則，例如：在牛奶中加入麥片、綜合穀片，或搭配吐司加蛋，使孩子能同時攝取多種營養。

不同生活活動強度之1～6歲幼兒每日飲食建議攝取量依照1～6歲幼兒之年齡、性別及活動強度差異，搭配衛福部建議計算出每日飲食建議量如**表3-2**。依據幼兒年齡、性別及活動量之強度（稍低、適度），即可知道每日飲食建議攝取量。稍低運動強度爲坐著畫畫、聽故事、看電視，一天一小時內不太劇烈的活動（例如走路、盪鞦韆）；適度運動爲遊戲、帶動唱、跳舞、玩球等。

表3-2　1～6歲幼兒一日飲食建議量

年齡（歲）	1-3		4-6			
活動量 熱量（大卡） 食物種類	稍低 1150	適度 1350	男孩稍低 1550	女孩稍低 1400	男孩適度 1800	女孩適度 1650
全穀雜糧類（碗）	1.5	2	2.5	2	3	3
未精製*（碗）	1	1	1.5	1	2	2
其他*（碗）	0.5	1	1	1	1	1
豆魚蛋肉類（份）	2	3	3	3	4	3
乳品類（杯）**	2	2	2	2	2	2
蔬菜類（份）	2	2	3	3	3	3
水果類（份）	2	2	2	2	2	2
油脂與堅果種子類（份）	4	4	4	4	5	4

*「未精製」主食品，如糙米飯、全麥食品、燕麥、玉米、番薯等。
「其他」指白米飯、白麵條、白麵包、饅頭等，這部分全部換成「未精製」更好。
**2歲以下兒童不宜飲用低脂或脫脂乳品。

三、學童期的營養

一至二年級學童身體以穩定速率持續成長，但認知情感及社交觀點發展非常快速。此時期的營養給予是生長發育及健康的基礎。三至六年級學童還需注意此期營養給予是青春期生長發育的基礎。家人、老師、朋友都是健康飲食及身體活動的榜樣。現今因食物供應豐富，加上活動量下降，兒童肥胖問題已是全球關注的焦點之一。肥胖的孩子容易受到同伴的言語嘲笑、譏諷，甚至被排擠，造成他們缺乏自信，影響所及不只是生理的健康，心理可能也會受到傷害。學童營養教育指導重點方向，早餐一定要，三餐不可少；除了吃肉，也可以選擇豆製品和魚類，豆魚蛋肉類是蛋白質的豐富來源，動物性蛋白質因含有身體所需的必需胺基酸，是身體修復組織的原料，不過，因為動物性食物也含有較多的脂肪，吃多了易增加脂肪的攝取量，所以最好是與植物性蛋白質混合著吃；在兒童後期，高年級女生漸漸邁入青春期，因生理週期的變化，對鐵質的需求增加，需要攝取富含鐵的食物，例如：海產類（文蛤、章魚、蚵仔等）、肝臟、紅色肉類，以免因缺鐵而造成貧血。多吃蔬菜和水果，蔬果中含有維生素和膳食纖維，可以增強抵抗力、幫助排便順暢；少吃太鹹、太油或太甜的食物，以減少對身體健康的傷害；多吃乳製品，牛奶可以幫助我們的骨骼強壯，增加鈣質含量，有助於健康骨骼的成長，以達到標準骨骼質量。喝水比喝飲料好。

除了飲食外，還需要多運動。兒童從小即應養成規律的運動習慣，世界衛生組織（WHO）建議學童身體活動量：(1)每天累計至少六十分鐘中等費力至費力身體活動；(2)若每天大於六十分鐘的身體活動則可以提供更多的健康效益；(3)大多數日常身體活動應為有氧活動，同時，每週至少應進行三次費力身體活動，包括增強肌肉和骨骼的活動等。不同生活活動強度之學童每日飲食建議攝取量，衛福部建議飲食三大營養素攝取量占總熱量之比例為：蛋白質10～20%，脂肪20～30%，醣類50～60%。依不同生活活動強度之一至二年級和三至六年級學童之熱量需要及此熱量分配原則計算出每日飲食建議攝取量如**表3-3**及**表3-4**。依據兒童性別及「生活活動強度」（稍低或適度），即可知道每日飲食建議攝取量。稍低運動為坐著唸書，一天一小時內不太劇烈的活動（例如走路）；適度運動為遊戲、唱歌，一天一小時內打球、騎車等運動等。

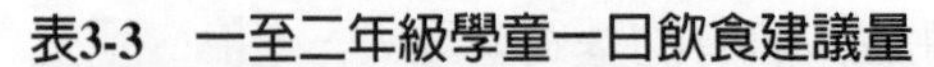

表3-3　一至二年級學童一日飲食建議量

生活活動強度	稍低		適度	
性別	男	女	男	女
熱量（大卡）	1800	1650	2100	1900
全穀雜糧類（碗）	3	2.5	3.5	3
未精製*（碗）	1	1	1.5	1
其他*（碗）	2	1.5	2	2
豆魚蛋肉類（份）	5	4	6	5.5
乳品類（杯）	1.5	1.5	1.5	1.5
蔬菜類（份）	3	3	4	3
水果類（份）	2	2	3	3
油脂與堅果種子類（份）	5	5	6	5
油脂類（茶匙）	4	4	5	4
堅果種子類（份）	1	1	1	1

*「未精製」主食品，如糙米飯、全麥食品、燕麥、玉米、番薯等。
「其他」指白米飯、白麵條、白麵包、饅頭等，這部分全部換成「未精製」更好。
**2歲以下兒童不宜飲用低脂或脫脂乳品。

表3-4　三至六年級學童一日飲食建議量

生活活動強度	稍低		適度	
性別	男	女	男	女
熱量（大卡）	2050	1950	2350	2250
全穀雜糧類（碗）	3	3	4	3.5
未精製*（碗）	1	1	1.5	1.5
其他*（碗）	2	2	2.5	2
豆魚蛋肉類（份）	6	6	6	6
乳品類（杯）	1.5	1.5	1.5	1.5
蔬菜類（份）	4	3	4	4
水果類（份）	3	3	4	3.5
油脂與堅果種子類（份）	6	5	6	6
油脂類（茶匙）	5	4	5	5
堅果種子類（份）	1	1	1	1

*「未精製」主食品，如糙米飯、全麥食品、燕麥、玉米、番薯等。
「其他」指白米飯、白麵條、白麵包、饅頭等，這部分全部換成「未精製」更好。

四、青春期營養

青春期介於兒童期與成年期之間，這一段爲人一生中生長速度僅次於嬰兒期的階段，在有形與無形上均會改變，而影響一個人的發展。青春期的年齡依性別、種族、文化、遺傳有直接關係，青春期通常女性較男性來得早，女性的青春期大約由10～14歲之間開始，男性則在12～17歲之間才開始。。

青春期主要在生理變化的改變方面，人的身高約有10～20%是在青春期增加，約有50%的體重在此時增加，青春期的生長發育速度已達成熟階段，此外在消化系統、心血管及呼吸系統等各方面機能也增加，而這階段主要是在生殖系統的成熟。對男生的影響爲睪丸製造精子，女性則爲卵巢濾泡成熟，使卵巢分泌動情激素，進而促進黃體激素的分泌，形成第二性徵。

青春期的營養需求不論在質與量均需增加，青春期活動量高，熱量及醣類攝取應足夠，青春期的營養指導重點爲，即使課業再忙碌，也要注意飲食衛生與均衡營養，適當熱量攝取，維持健康原動力！

1.早餐是一天活力的泉源，一定要吃。
2.活動量大、容易肚子餓時，除了三餐之外，餐與餐之間可以選擇三明治、茶葉蛋、水煮蛋、乳品類（牛奶、原味或低糖優格）、豆漿、新鮮水果等營養又健康的點心。
3.健康的外食選擇：以「三少二多」爲原則，多蔬果、多全穀；少油脂、少加工、少調味。

青春期常見的營養問題爲體重過重，此時若體重上升快，易造成體內脂肪細胞大量生長，以後減重也會比較困難，因此應減少含糖飲料的攝取；充分攝取鈣質，可以幫助長高，也可以貯存骨本。另外，青春期青少年爲了保持良好身材而節食，造成蛋白質及熱量不足，體重減輕，基礎代謝率降低及新陳代謝失常，培養正確的飲食概念爲此階段重要目標。此外，養成規律運動習慣，每天累計至少六十分鐘中等費力至費力身體活動，並維持健康體重，體重過輕會造成生長遲緩、注意力減退等健康問題；體重過重或肥胖會造成未來糖尿病、代謝症候群、血脂異常、高血壓、冠狀動脈心臟病等慢性疾病的風險上升。

衛福部建議合宜的飲食三大營養素攝取量占總熱量之比例爲：蛋白質10～20%，脂肪20～30%，醣類50～60%。依不同生活活動強度之青春期青少年之熱量需要及此熱量分配原則計算出每日飲食建議攝取量如**表3-5**及**表3-6**。依據青少年年齡、性別及生活活動強度（低、稍低、適度或高），即可知道每日飲食建議攝取量。低活動爲靜態活動；稍低爲站立活動；適度爲散步、購物等；高活動爲打球、運動等。

表3-5　青春期（13～15歲）一日飲食建議量

年齡（歲）	13～15歲			
生活活動強度	稍低		適度	
性別	男	女	男	女
熱量（大卡）	2400	2050	2800	2350
全穀雜糧類（碗）	4	3	4.5	4
未精製*（碗）	1.5	1	1.5	1.5
其他*（碗）	2.5	2	3	2.5
豆魚蛋肉類（份）	6	6	8	6
乳品類（杯）	1.5	1.5	2	1.5
蔬菜類（份）	5	4	5	4
水果類（份）	4	3	4	4
油脂與堅果種子類（份）	7	6	8	6
油脂類（茶匙）	6	5	7	5
堅果種子類（份）	1	1	1	1

*「未精製」主食品，如糙米飯、全麥食品、燕麥、玉米、番薯等。
「其他」指白米飯、白麵條、白麵包、饅頭等，這部分全部換成「未精製」更好。

表3-6 青春期（16～18歲）一日飲食建議量

年齡（歲）	16～18歲							
生活活動強度	低		稍低		適度		高	
性別	男	女	男	女	男	女	男	女
熱量（大卡）	2150	1650	2500	1900	2900	2250	3350	2550
全穀雜糧類（碗）	3.5	2.5	4	3	4.5	3.5	5	4
未精製*（碗）	1.5	1	1.5	1	1.5	1.5	2	1.5
其他*（碗）	2	1.5	2.5	2	3	2	3	2.5
豆魚蛋肉類（份）	6	4	7	5.5	9	6	12	7
乳品類（杯）	1.5	1.5	1.5	1.5	2	1.5	2	2
蔬菜類（份）	4	3	5	3	5	4	6	5
水果類（份）	3	2	4	3	4	3.5	5	4
油脂與堅果種子類（份）	6	5	7	5	8	6	8	7
油脂類（茶匙）	5	4	6	4	7	5	7	6
堅果種子類（份）	1	1	1	1	1	1	1	1

*「未精製」主食品，如糙米飯、全麥食品、燕麥、玉米、番薯等。
「其他」指白米飯、白麵條、白麵包、饅頭等，這部分全部換成「未精製」更好。

五、孕產期營養

懷孕及哺乳是女性一段特別的生命歷程，寶寶的生長發育完全依賴母體，懷孕期對一婦女而言是一相當特別的過程，懷孕期孕婦身體及心理均改變很大，其健康狀況也會直接影響胎兒的健康。懷孕及哺乳時期，由於熱量需要、生理代謝改變和寶寶成長所需，要增加多種營養素的攝取。因此除了重視飲食的量是否足夠外，需要留意飲食的品質，才能提供媽媽及寶寶成長所需的熱量及營養素。

懷孕期間，孕婦體重應依懷孕前體重作適當調整，以增加10～14公斤爲宜，且須注意體重增加的速度。懷孕初期，多吃綠葉蔬菜，可獲取寶寶神經發育有關的葉酸；選用加碘鹽及適量攝取含碘食物，如海帶、紫菜等海藻類食物，有利於胎兒腦部發育；適度日曬，且多食用富含維生素D

的食物；全素食者需要補充富含維生素B_{12}的食物；避免食用含咖啡因食物、吸菸、飲酒且隨便服藥。懷孕四至六個月，多吃全穀雜糧類、蔬菜及水果，可得到各種維生素、礦物質及膳食纖維。一天喝1.5杯牛奶，多吃高鈣豆製品（如傳統豆腐、五香豆干）獲取鈣質。懷孕七個月至寶寶出生，須多補充鐵質。哺乳期，母乳是最完美的嬰兒食品，哺乳的媽媽每天要比懷孕前增加500大卡熱量，才有足夠的熱量及營養維持媽媽和寶寶的健康。孕產期的一日飲食建議量如**表3-7**。

表3-7　孕產期一日飲食建議量

					懷孕4個月後	哺乳期
生活活動強度	低	稍低	適度	高	增加300大卡	增加500大卡
熱量（大卡）	1500	1700	1950	2150		
全穀雜糧類（碗）	2.5	3	3	3.5	+0.5	+1
未精製*（碗）	1	1	1	1.5		+0.5
其他*（碗）	1.5	2	2	2	+0.5	+0.5
豆魚蛋肉類（份）	4	4	6	6	+1	+1.5
乳品類（杯）	1.5	1.5	1.5	1.5		
蔬菜類（份）	3	3	3	4	+1	+1
水果類（份）	2	2	3	3	+1	+1
油脂與堅果種子類（份）	4	5	5	6		+1
油脂類（茶匙）	3	4	4	5		+1
堅果種子類（份）	1	1	1	1		

*「未精製」主食品，如糙米飯、全麥食品、燕麥、玉米、番薯等。
「其他」指白米飯、白麵條、白麵包、饅頭等，這部分全部換成「未精製」更好。

六、更年期營養

婦女大約在45～52歲這段期間，卵巢逐漸停止製造女性荷爾蒙，造成月經經期開始不規則、月經量一下多、一下少，最後一年內不再有月經的停經現象，這段生殖機能逐漸降低到完全喪失的停經前後過渡期，就是所謂的更年期。更年期是一個自然過程，它不是疾病，多數人都會順利度過，但因為女性荷爾蒙分泌不足，約有三成左右婦女會產生一些更年期不適的身心症狀：在生理方面有發熱、潮紅、盜汗、虛弱、暈眩、胸悶、心悸、陰道乾澀、性交疼痛、頻尿、尿失禁及骨質流失等症狀；在心理方面有焦慮、煩躁、失眠、恐慌、心情低落及記憶力衰退等現象。

更年期營養教育指導重點方向，維持良好體態，肥胖有害健康，是許多慢性疾病的根源。更年期後，活動與熱量消耗減少，營養過量加上代謝率降低，脂肪變容易堆積，體重容易增加，應注意熱量平衡與腰圍，以保持標準好體態。針對更年期症狀之飲食建議，補充天然雌激素食物，多選擇黃豆類及其製品、全穀雜糧、牛蒡等富含植物雌激素的食物，可以改善更年期不適症。適量飲用水分，每天攝取6～8杯（每杯240毫升）的白開水、果汁或湯品。女性在更年期後，由於體內雌激素分泌急速降低，容易造成脂肪堆積於血管壁，發生動脈硬化、冠心症及腦中風等疾病。因此，多蔬食少紅肉，全穀雜糧類和蔬果類食物應該占飲食量的2/3以上。每日食鹽攝取量應低於6公克以下。減少調味品和醬料使用。更年期婦女更會因為雌激素分泌下降，造成每年骨質流失率高達3～5%，長久下來就會影響骨骼強度，使女性骨質疏鬆發生率比男性高出6～8倍，因此飲食上應注意鈣質的攝取。運動可以增強體能，心情開朗，控制體重，並讓更年期症狀緩和。運動亦會增加骨骼受力，促使骨質密度增加，可以預防骨質疏鬆的發生。更年期的一日飲食建議量如**表3-8**。

七、老年期的營養

65歲以上銀髮族因為生理器官功能日漸退化，進食及吸收能力也會下降，因此影響其飲食營養狀況。口腔方面因牙齒數目減少、鬆脫或假牙不合，食物殘渣容易卡在假牙上；或進食時假牙摩擦使得牙床疼痛，導致無法咬碎食物而不願意進食。唾液腺無法分泌足夠的唾液來潤滑消化食物。

表3-8　更年期一日飲食建議量

年齡（歲）	45-50				51-64			
生活活動強度	低	稍低	適度	高	低	稍低	適度	高
熱量（大卡）	1450	1650	1900	2100	1400	1600	1800	2000
全穀雜糧類（碗）	2	2.5	3	3.5	2	2.5	3	3
未精製*（碗）	1	1	1	1.5	1	1	1	1
其他*（碗）	1	1.5	2	2	1	1.5	2	2
豆魚蛋肉類（份）	4	4	5.5	6	4	4	5	6
乳品類（杯）	1.5	1.5	1.5	1.5	1.5	1.5	1.5	1.5
蔬菜類（份）	3	3	3	4	3	3	3	4
水果類（份）	2	2	3	3	2	2	2	3
油脂與堅果種子類（份）	4	5	5	6	4	5	5	6
油脂類（茶匙）	3	4	4	5	3	4	4	5
堅果種子類（份）	1	1	1	1	1	1	1	1

*「未精製」主食品，如糙米飯、全麥食品、燕麥、玉米、番薯等。
「其他」指白米飯、白麵條、白麵包、饅頭等，這部分全部換成「未精製」更好。

味覺及嗅覺神經的反應變慢，降低了味覺及嗅覺的感受力，使得口味變重或食慾下降。腸胃道方面因腸胃道內的酵素、消化液分泌減少，腸胃蠕動變慢，吸收功能變差，造成腸胃不適，容易有消化不良、脹氣、便秘等問題。骨骼方面因隨著年齡的增加，骨質密度降低，可能增加骨折的機會；骨質逐漸流失，造成骨質疏鬆症。此外，近年來，肌少症及衰弱症此兩個老年病症候群逐漸受到重視。肌少症爲肌肉的力量、質量或是生理表現的下降；衰弱症則爲個體多項生理系統儲備能力下降，超乎其原來年紀該有的程度，主要表現包括體重減輕、肌力下降以及活動力變弱等。

銀髮族營養教育指導重點方向，增加食慾，且飲食多變化，六大類食物中選擇當季在地新鮮食物，增加飲食的變化，更能確保攝取足夠且均衡的營養素，讓飲食歡樂無限也更健康；患有高脂血症、糖尿病或腎臟病，會有一些飲食的限制，但在營養師的協助下，飲食仍是可多變的；蛋、紅肉或肝臟是蛋白質、維生素B群與鐵質豐富的來源，偶爾適量攝取，對健康有益；多吃富含膳食纖維的食物，例如：蔬菜、水果、全穀雜

糧（糙米、全麥饅頭），可使排便更順暢。建議老人應選擇添加碘之碘鹽取代一般鹽；攝取均衡足夠的熱量及優質蛋白質（如魚肉、雞蛋、雞肉、牛肉、豬肉、黃豆製品、乳品類等），搭配充足日曬與規律運動可以預防和改善衰弱症及肌少症；多吃鈣質豐富的食物，減少使用含咖啡因高的食物，避免食物中的鈣質流失，並且多運動參與活動；選用保健食品應注意，避免選用無認證的保健食品。老年期一日飲食建議量如**表3-9**。

表3-9　65歲以上銀髮族之一日飲食建議量

年齡	65歲以上					
生活活動強度	低		稍低		適度	
性別	男	女	男	女	男	女
熱量（大卡）	1700	1400	1950	1600	2250	1800
全穀雜糧類（碗）	3	2	3	2.5	3.5	3
未精製*（碗）	1	1	1	1	1.5	1
其他*（碗）	2	1	2	1.5	2	2
豆魚蛋肉類（份）	4	4	6	4	6	5
乳品類（杯）	1.5	1.5	1.5	1.5	1.5	1.5
蔬菜類（份）	3	3	3	3	4	3
水果類（份）	2	2	3	2	3.5	2
油脂與堅果種子類（份）	5	4	5	5	6	5
油脂類（茶匙）	4	3	4	4	5	4
堅果種子類（份）	1	1	1	1	1	1

*「未精製」主食品，如糙米飯、全麥食品、燕麥、玉米、番薯等。
「其他」指白米飯、白麵條、白麵包、饅頭等，這部分全部換成「未精製」更好。

第二節　疾病飲食

一般疾病的飲食以普通飲食爲主，營養師會依不同病情給予不同的改變，其主要功能是給予生病的人充分的營養，以利其恢復健康。

一、疾病飲食的飲食方法

一般常見的飲食方法是經口飲食、管灌飲食及靜脈注射。

(一)經口飲食

經口飲食是食物藉由口腔攝取，然後經腸胃道消化吸收，此種方法最符合一般飲食的原則，且與一般正常飲食方法改變不大。

(二)管灌飲食

管灌飲食適用於腸胃道消化功能正常，但吞嚥功能障礙或無法經由口進食的人，常見病患例如神經性厭食症、口腔癌、食道受損或癌症末期病人。一般管灌的飲食法需注意管灌系統或輸送管的衛生與安全。

(三)靜脈注射

一般病人若無法正常由消化道提供營養時，需利用靜脈營養針來補充營養，一般常見的病人爲嘔吐、腹瀉、高燒、手術或燙傷的病人，常以補充生理食鹽水、葡萄糖等液，以補充水分、電解質及熱量。另有病人需使用全靜脈營養法（Total ParEntEral Nutrition, TPN），此種營養提供是以高滲透營養液經由中心靜脈輸入體內，使病人獲得全部營養的方法。此種方法是以靜脈注射方式，將濃縮的營養液經導管注入到體內，此種病人應避免導管受到細菌污染爲最主要考量的問題。

二、治療性飲食的區隔

(一)依飲食質地區隔

◆清流質飲食

為完全無渣、不致產氣且不刺激腸胃蠕動的飲食，在一般室溫下為清質的流體，以提供病人充足的水分、電解質及熱量，病人的腸胃道負荷量較少且排便渣及量均較少，讓病患腸胃道能得到充分的休息。一般適用的症狀為手術前的清腸、腹瀉病患、靜脈注射轉為一般腸道營養的適應期、對食物產生噁心、嘔吐、厭食、腹瀉等不適症狀。此種飲食法由於無法提供充足的營養，故不適合超過一天，病患腸道的適應應由少量到多量，以避免腸道受刺激過大；一般常選用的食物為去油湯汁、去渣果汁、米湯、鹽水及糖水等，然而使用乳製品產生排泄物較多，應儘量避免食用。

◆全流質飲食

為室溫流體、無刺激性僅含少量細纖維的飲食，適用症狀為口、頸、臉、頭手術，吞嚥或咀嚼困難者，胃部發炎及牙科治療無法正常咀嚼的病患。此種方式的飲食較清流質飲食者獲得營養素較快及多，但營養攝取仍不足，必要時應給予高熱量並隨時補充營養素，常選用的食品為奶類、蒸蛋、豆漿、豆花、細爛稀飯、麵茶、冰淇淋等。

◆半流質飲食

此種飲食為將固體食物經切碎，然後再加入液體，製程不需咀嚼即可吞嚥的食物，只要食物經切碎或絞碎均可食用，因此以此方法所獲得的營養較為充足。適用病患為無牙患者、吞嚥困難者、慢性胃炎、中風無咀嚼能力病人等。一般常使用少量多餐的進食方式，食物選擇方面應選擇營養價值高、易消化吸收的食物，由於病患仍可感受食物的色香味，因此應注意食物的烹調，以提高病患的食慾，可使用的食品除了前述二類外，可選用筋較少的肉類、蛋類、豆腐、蔬菜泥、麵類及質地較軟的水果。

◆軟質食物

此與一般食物類似，但烹調較久，因此食物形成易咀嚼及消化的食品，適用於牙齒功能不健全及身體恢復期的病患。食物的選擇以質地軟、體積小、易消化吸收、纖維素較細的食物，一般只要將食物切小，並加強烹煮時間即可達到預期效果。

(二)依調整營養成分的食物

◆調整熱量飲食

常使用於體重不正常的病患，常見的爲限制熱量食物，用於肥胖患者、具高血壓或高血脂症的病人，限制飲食最主要爲限制飲食中熱量的攝取，熱量的減少以減低油脂及醣類的攝取爲主，輔以低熱量的蔬菜。

◆調整蛋白質飲食

低蛋白質飲食用於腎臟病患、肝昏迷患者；而高蛋白飲食用於體重不足、手術恢復、營養不良、燒燙傷等病人；低普林飲食用於痛風及高尿酸病患。一般低蛋白飲食，必須注意只能飲用米湯、果汁、菜湯，高蛋白熱量的提供可給予管灌飲食或蛋白質注射。低普林飲食應減少豆製品、內臟類、海鮮湯類及菇類產品。

◆調整脂肪飲食

調整脂肪主要是控制飲食中脂肪、膽固醇或多元不飽和脂肪酸的含量，以達到體重控制及血液中脂肪含量。需要進行低油飲食的患者，包含膽管阻塞、膽結石、胰臟炎、高血脂症；心血管疾病病人應限制膽固醇及三酸甘油酯的攝取。使用低油脂的飲食，可以改變烹調方式，例如水煮、蒸、烤、滷及涼拌等烹調法，選擇低脂肉類及奶類，選用蔬菜取代油脂產品。此外，膽固醇過高的食品，例如蛋黃、海鮮及內臟應減少攝取。

◆調整醣類飲食

主要在於糖尿病病患應限制醣類的攝取，特別是單醣飲食；有些人喝了牛乳之後會產生腸胃不適引起腹瀉，這是因爲體內缺乏分解乳糖的酵素或酵素產生量不足，此種現象稱爲乳糖不耐症，一般年紀愈大，產生情形愈嚴重，因此應避免喝牛乳或減少喝牛乳的量。

◆調整礦物質飲食

主要爲限制飲食中礦物質鈉、鈣、磷、鉀等含量，限制鈉攝取的病患爲充血性心衰竭、肝病、腎臟病、高血壓患者；限制鈣、磷、鉀飲食者爲血液中此些礦物質含量高，例如洗腎患者；長期服用利尿劑及服用類固醇藥物患者應食用高鉀飲食，而腎衰竭患者不可使用高鉀飲食。

◆調整纖維飲食

此類飲食目的爲增加或減少膳食纖維含量，以利排便順暢或減少排便。低纖維飲食適合於腸胃道手術、腹瀉等病人，特別應注意避免牛乳攝取；高纖維飲食適合於便秘、痔瘡、過敏性腸炎患者，這些病人應常食用蔬菜、全穀類、未經加工處理或精緻處理的食品。

(三)依疾病所區分的飲食治療

◆體重異常

體重過重或過輕，均稱爲體重異常。現代人生活常以車代步，活動空間減少，無形中熱量的消耗機會減少，因此肥胖者增加，進而可能增加慢性病發生的機率。一般以身體質量指數（Body Mass Index, BMI）作爲指標，BMI=體重（公斤）／身高^2（公尺^2）；一般體重超過理想體重20%者爲肥胖，超過10～20%稱爲體重過重，若在正負10%之間爲理想體重。

若標準範圍為18.5≦BMI<24，若BMI<18.5表示體重過輕，若24≦BMI<27為過重，27≦BMI<30為輕度肥胖，30≦BMI<35為中度肥胖，BMI≧35為重度肥胖。肥胖若發生於嬰兒期或青春期屬於脂肪細胞增生肥胖或屬於脂肪細胞增生肥大型肥胖，此時脂肪細胞數目增多，且細胞變大，較可能導致之後減重困難；脂肪細胞肥大型的肥胖是指脂肪細胞體積增大，但數目正常，常發生於成年人、懷孕婦女或更年期婦女，常會伴隨著代謝異常。產生肥胖的原因可分成下列因素：

1.遺傳：父母均肥胖者，子女發胖機會為70～80%，一方肥胖者，子女肥胖機率為40%，若父母親體重均正常者，子女肥胖機率只有7%。
2.飲食不當：長期攝取的熱量高出所消耗的熱量。
3.心理因素：某些人在有壓力、緊張及煩躁的時候，常以零食作為發洩的對象，造成熱量的堆積。
4.基礎代謝率降低：工作量減少、年齡老化或活動量減少，導致能量消耗減少，則易導致肥胖。肥胖者最需注意均衡三餐並維持適當運動，減少高熱量、高油脂產品，例如花生、腰果、糕點等，儘量多吃纖維素含量高的產品，以清蒸、水煮、烤、涼拌等烹調法取代油炸；進食時細嚼慢嚥，增加用餐時間，並隨時注意營養均衡。

體重過輕的病人，常見原因為活動量大，但熱量攝取不足，或是不良生活飲食習慣，另有因甲狀腺機能亢進或消化系統潰瘍所引起不適而導致體重減輕。許多人為了減肥保持良好身材，不惜以絕食來達到目的，最後導致厭食的危險。此種病人最好是能以少量多餐的方式來增加攝食量，需注意食物的美味及烹調方式，以增加食慾，選用高熱量且營養價值高的產品。

◆高血壓或高血脂症

高血壓或高血脂症為中老年人一種普遍的症狀，一般若血壓收縮壓高於140 mmHg，舒張壓高於90 mmHg即可稱爲高血壓，血液內含過量的膽固醇和三酸甘油酯，易造成罹患心臟病。導致高血壓的可能原因爲年齡、性別、肥胖、遺傳、壓力等。一般避免高血壓應維持理想體重、少喝酒、限制鈉鹽攝取；心血管疾病的病人應減少油脂及膽固醇的攝取，維持正常的血壓並養成量血壓的習慣，養成食用清淡且高纖維的食物，減少飽和脂肪酸的攝取。

◆糖尿病

糖尿病爲一種胰島素效力不足或代謝異常的疾病，典型的糖尿病症狀有三多，吃的多、喝的多、尿的多，糖尿病一般可分爲胰島素依賴型糖尿病，此患者一般多爲天生胰島素功能不全，因此必須終生注射胰島素；另一種爲非胰島素依賴型糖尿病，此種多爲後天胰島素分泌不足，導致糖分無法分解造成糖分堆積；另有些懷孕婦女，懷孕前血糖正常，但懷孕過程會增加血糖，稱爲妊娠糖尿病。遺傳、肥胖、年齡均爲引起糖尿病發生的原因。一般空腹血糖值爲小於100 mg/dl，100-125 mg/dl爲糖尿病前期，大於126 mg/dl爲糖尿病。糖尿病患的飲食原則爲養成定時定量，均衡飲食，維持理想體重，經營養師改善飲食並藉由服藥改善病情。

◆肝病

肝臟爲人體內最大器官，可製造膽汁，並可幫助脂肪消化吸收且具有解毒的功能，肝功能衰退一般會嚴重影響營養素的新陳代謝、貯存及轉換。肝臟若受細菌、病毒感染，易導致肝細胞受傷，若不即時治療，可能轉爲肝硬化，甚至肝昏迷；酗酒會造成脂肪堆積於肝臟，引起脂肪肝，另膽結石會阻塞膽管，對肝臟造成傷害。肝病患者應提供高生物價的蛋白質，增加富含甲硫胺酸的食物（例如蛋黃、肝臟），以防止肝昏迷，然而產生肝昏迷後應給予低蛋白或無蛋白飲食，酒精會增加肝臟負擔，因此不可酗酒。

◆貧血

貧血爲血液中血紅素不足，因此導致紅血球體積變大但數量不足，使血液攜帶氧量和二氧化碳功能受損，稱之爲營養性貧血，此種貧血只要注意飲食營養均衡，則可達到預防效果。飲食中應均衡攝取蛋白質、鐵、銅、維生素B_6、B_{12}、葉酸、維生素A、C、E及硒，任何一種營養素不足均會造成貧血，特別是女性自青春期至更年期，每個月均有月經，營養若無補充，大都會有輕微貧血現象，若缺乏維生素B_{12}，易形成惡性貧血。預防貧血的方法爲養成良好的飲食習慣，增加攝取蛋白質食物以利造血，此，外預防惡性貧血，可增加奶、蛋、肉類、魚貝類等食物的攝取。

◆腎臟病

腎臟主要爲代謝廢物的排出，除此之外，更重要的功能在維持血液中電解質及水分的平衡，維持滲透壓的調節，當腎功能衰退時會導致尿液排泄減少，大量含氮廢物堆積於體內，各種離子無法排出而引起尿毒，併發水腫等。腎病患者應減少腎臟負擔，一般常給予限制蛋白質含量，並禁食豆類及堅果類，此外，減少磷的攝取，例如酵母粉、內臟、黃豆、花生等，以維持血液中含磷量。若病人產生尿少、水腫或腹水現象、高血壓等，應限制鈉及水分的攝取。

◆痛風

痛風是指人體代謝異常，無法代謝含普林食物，使尿酸在體內形成過多，造成尿酸濃度增加，嚴重者堆積於關節處，使關節紅腫、疼痛甚至變形。痛風患者應減少飲食中普林含量，普林的代謝產物爲尿酸，應減少奶類、蛋類、海參、海蟄皮等食物；維持理想體重，多喝水，避免飲用過多啤酒。

參考文獻

一、中文

王果行等著（2003）。《普通營養學》。台北：匯華。

章樂綺（2015）。《實用膳食療養學》。台北：華杏。

許青雲總校閱（2020）。《營養學概論》。台北：華格那。

陳淑娟（2004）。《生命期營養》。台北：美商麥格羅．希爾。

謝明哲等著（2019）。《實用營養學》。台北：華杏。

二、網站

衛生福利部國民健康署均衡飲食，https://www.hpa.gov.tw/Pages/List.aspx?nodeid=170

衛生福利部國民健康署慢性病防治，https://www.hpa.gov.tw/Pages/Detail.aspx?nodeid=641&pid=1230

食物採購

學習目的

- 瞭解何謂採購及其程序與方法
- 瞭解各類食品的採購方式

第一節　採購的觀念與原則

現今社會生活文化，飲食的首要過程即是藉由購買的行為來達到後續生活的目的。在日常生活中，採購為生活動力的基本原則，它代表了一種有系統的交易過程，從訂購、訂量、運送、保存，甚至付款，過程均需事前計劃考量，採購的產品能符合使用者所需，是最重要的因素。

食品採購的定義是，餐飲業者或消費者根據其計畫所獲得的食物、原料與設備，以滿足銷售或飲食的需求之程序。因此採購的目的需確認其目標，找尋相關產品資料並加以比較，進而進行採購。

第二節　採購程序與方法

一般採購的目標，在於維持順暢、控制、避免浪費、品質標準、最低成本及具有競爭力。因此良好的採購程序，將可達到上述目標。雖然一般家庭的採購程序不像營利事業機關的採購那麼複雜，不過如果亦能遵循相關採購程序及原則，必能使家庭經濟更開源節流。一般採購程序為，確認欲購買的產品與數量、找到最好且最適切的價格、尋獲最好的品質、尋找適合的供應商、確認適合購買的時間及地點，最後確認是否有適合保存貨品的場所。影響食品選擇所需考量到的因素是品質，一般食品工廠與餐飲業者均會訂出每種食品的標準參考依據，不同食品依標準而訂定售價，一般消費者在採購的同時，會依其經濟狀況及對該產品的相對認知進行採購。餐飲採購人員判定品質的方法，即常使用價格及規範；高品質的產品其價格相對較高，因此如何在品質與價格間取得平衡，是採購人員必須考量的因素。

常見的採購有下列幾種方法，簡單說明如下：

個人消費者及小型餐飲業者均使用此法。此法用於採購量較少、產品新鮮程度較為要求或較緊急的狀況時。一般常去的地點為批發市場、傳統市場或超商。此法的優點為正確且迅速；缺點是一般必須以現金交易，且需花費較多的人力及車資進行運送。

二、詢價比較法

在一般消費者方面，會到不同店家進行相同或相似產品的比較，以找尋價格較低的店家；在餐飲業者方面，業者會提出其所需貨品的品質要求與數量，然後交由數家供應商進行報價，採購人員在比對各家的條件後，選擇最後的供應商。其最後考量因素不僅是價錢，還需考慮各種服務、配合度、物品品質，甚至市場的接受度。

三、單一供應商採購

每次只跟一家廠商購貨，目前有許多餐廳只要打一通電話即可請廠商送貨，這可減少尋找貨品時的許多麻煩，但易造成價錢較高的情形，長期下來未必是最佳的採購法。

四、合約採購法

此種採購方法用於長期需要某種產品或需求量較大時。這種採購法可以確保在這段期間商品供應無虞，這也常用在某些特有產品購買時的訂單生產。

五、公開招標

多半用於公家機關、學校等組織，用於購買大量物品或成交金額過大時。消費者將其需求訂出，一般常以價格為主要考量，品質往往被犧牲掉。

第三節 食材之採購原則

食材的使用千變萬化，如何慎選好的食材，以製造出優良產品，甚為消費者所關心。下列列出幾種常見食材的選購方法，以供消費者選購時參考。

一、肉類

(一)基本特性

◆肉品部位分類

一般肉類的口感與烹調特性與其部位有關。肉品大致分成五個部分：

1.肌纖維：肌肉本身以成束的方式包裹於肌纖維中，肌肉的老與嫩取決於肌纖維的長短與粗細，以及包裹於肌纖維周圍結締組織含量。然而不同種類及部位，其肌纖維之分布也不相同，運動量較多的動物，其肌肉組織較為堅實；若為飼養且較少運動的動物，肉質較為細嫩，但缺乏彈性。

2.結締組織：動物體外的皮與體內肌腱、血管、淋巴，主要是靠結締組織建立起動物體內支架，使肌肉能夠靈活應用。隨年齡增加，結締組織會較強韌。而結締組織分為，具有膠質的膠原蛋白——主要在皮及軟骨中，在高溫時形成動物膠，當溫度下降時，則凝結形成凝膠；另一種為彈性蛋白——具有彈性及延展性，不受溫度變化而改變彈性，只有用切碎、磨碎、搥打、冷凍、木瓜酵素或嫩精破壞組織，才可使彈性蛋白軟化。

3.脂肪組織：存在於肌纖維中或其間，而形成大理石紋路，並有部分存在於皮下組織，用來保存體溫。脂肪的紋路及含量決定肉品的價值，愈年輕的動物脂肪含量較少；運動量較少的肉，脂肪含量高，口感細緻，入口即化，但缺乏咬勁。

4.骨骼：在動物體中支撐組織，而肌肉組織依附其上；骨骼中含有脂肪及膠原蛋白，因此大骨湯經熬煮後，在冷卻凝結時會產生凝膠的情形。

5.血液：主要功能在維持動物體內的新陳代謝，血液中含有豐富的營養素、礦物質、水、蛋白質、維生素及酵素等，這些物質提供了微生物生長的良好條件，因此屠殺動物時，一定要把血處理乾淨，以確保肉質不致腐敗。

◆各種肉類的特徵

肉的顏色嚴重影響消費者的購買意願，肉中含有血紅蛋白（hemoglobin, Hb）與肌紅蛋白（myoglobin, Mb），運動量愈多的動物其肉色愈鮮紅，這表示肌紅蛋白含量較高。但肉表面與空氣接觸氧化，易形成穩定氧合肌紅蛋白而呈現鮮紅色，低溫可以延緩其作用；但若肉質表面發生褐色，表示已大量氧化形成，代表肉質不新鮮了。以下簡單介紹各種肉類的特徵：

1.豬肉：未經加熱呈淡紅色，一旦加熱後則成灰白色。結締組織少但脂肪含量較多。一般若肉色已呈暗紅色或顏色黯淡，代表營養不良或可能為病死豬。常見豬肉各部分的名稱及烹調方法方面，大排背脊骨適合煮湯；里肌肉部位較嫩，適合炒、爆、煎、溜、燴等烹調；肩胛肉適合紅燒、滷、炸及烤；豬耳朵與豬頭皮適合滷、燒與煮；蹄適合紅燒；腹部的五花肉適合各式烹調法並可製成培根；油脂可萃取製成豬油；內臟也適合紅燒或煮湯。

2.牛肉：顏色呈深紅色，脂肪成乳黃色分布於肌肉間。選購牛肉時，可以大理石脂肪紋含量來判斷肉質的鮮嫩度。目前台灣的牛肉多以進口為多，主要來自美國、加拿大及紐澳。

3.羊肉：主要分成綿羊肉及山羊肉。進口羊肉多來自澳洲及紐西蘭，主要以綿羊肉為主；山羊肉主要來自台灣南部山區，其羶味較重。

4.禽肉：以雞、鴨、鵝為主。台灣家禽的消費甚為普遍，其中，雞的肌肉纖維較細，肉質鬆軟，適合炒、炸、烤等烹調方式：鴨及鵝肉的肌纖維較粗，肉質較硬。

(二)採購原則

肉類購買原則應注意是新鮮肉或冷凍肉，新鮮溫體豬肉一般較不易控制其安全及衛生，一般早上三、四點即已將肉體屠殺完成，最好在早上九點以前購買，以免因微生物孳長，導致肉品腐敗。購買豬肉時要選擇呈淡紅色、紅潤有光、無黏液、無滲水、腐臭或被泥沙污染的豬肉。牛肉則要呈赤紅色，脂肪部分色澤鮮明。滲出水，或內臟過分腫大，顏色不自然者，可能是被灌水，要多留意。家禽類其冠應具固有顏色且完整，眼睛要明亮，肉質富彈性。冷凍品應無溶解現象。台灣有些生產冷藏及冷凍肉品工廠有申請CAS認證，其工廠經過嚴格評核，而且生產過程均符合標準，其可確保肉質的品質穩定。肉類購買後必須馬上進入冷藏庫或冷凍庫貯存，且注意生熟食的肉品不可交叉污染，以確保食肉的安全。

二、水產品

水產品種類繁多，其中又以魚類占最大多數，台灣常見的魚貝類產品呈現於**表4-1**。

(一)基本特性

魚體當中以脂肪爲最重要的營養素之一，一般魚脂的含量會影響其烹調方式，脂肪含量較高的魚，例如鮭魚、鮪魚及鰻魚，除了煎食外，也適合燒烤而較不會乾澀；但像比目魚其脂肪含量少，最好不要用烤的方式處理，以免肉質太乾。一般魚尾部因爲運動量大，因此脂肪含量較少，肉質緊實；腹鰭及頭部肌肉周圍，脂肪含量高，肉質細嫩。魚的脂肪中含有大量的不飽和脂肪酸，魚油中特有脂肪酸爲EPA及DHA。這些高度的不飽和脂肪酸，具有降低膽固醇濃度，及降低血液中三酸甘油酯和低密度脂蛋白的作用，對預防心血管疾病與動脈硬化有很大助益。

魚類富含約18～20%的蛋白質，爲完全蛋白，屬於優質高生物價值的蛋白質，魚漿製品即利用魚肉蛋白質所製成。此外，魚類也富含鈣、磷及鐵，維生素則含有B_1、B_2及菸鹼酸；而魚肝、內臟及脂肪富含維生素A。

在台灣，一般常見的淡水魚爲草魚、吳郭魚，適合各種烹調方式，且肉質鮮美。鱸魚適合清蒸或煮湯，較少土腥味，由於肉質細嫩，適合剛動完手術的病患食用。另外，鰻魚、鮭魚及鱒魚亦爲常見的淡水魚。至於常見的海水魚爲石斑魚、海鱸魚、鱈魚、鮪魚及比目魚；河豚也爲遠洋魚之一種，雖然體內具有劇毒，特別在卵巢及肝臟，皮膚、血液及魚肉中也含少許，但由於其肉質鮮美，仍頗受老饕所喜好，在日本更需擁有專門執照才可進行河豚的處理。

表4-1　台灣魚貝類及分布

品名	產地	產期
鯉魚	西部內陸淡水海域	全年
白鰱	全省魚池	全年
鰻魚	彰化、屏東、宜蘭	全年
吳郭魚	中南部	全年，十一至十二月最多
虱目魚	西南部	四月至翌年一月
鱸魚	基隆至西部沿岸	全年
黃鰭鮪	遠洋	全年
秋刀魚	高雄港	五至十月
紅馬頭魚	東港、新竹、淡水	全年
海鰻	台灣附近沿海	全年
白帶魚	各地沿岸	全年
白鯧	西部沿岸、基隆	全年
黑鯧	澎湖海域、馬祖海域	六至八月
大眼鯛	西部沿岸、台灣海峽	全年
小黃魚	基隆	冬季前後
赤鯮	蘇澳、基隆、高雄、澎湖	全年
血鯛	基隆至高雄	全年
金線紅姑魚	基隆至東港沿岸	全年
牡蠣	西部沿岸及澎湖	全年
文蛤	淺海沙岸	四至九月最多
蜆	小河川	全年
紫貝	淡水至東港	全年
草對蝦	蘭陽地區、屏東	全年
梭子蟹	金門、馬祖	夏季
紅星梭子蟹	高雄各地沿海	全年，夏季較多

其他如蜆、文蛤、九孔均爲常見的海鮮類產品，適合與蔥、薑、蒜等調味料一同烹煮。蠔一般又稱牡蠣或蚵，台灣小吃常把它製成蚵仔煎、蚵仔酥、豆豉蚵等；另外西餐廳自助餐常會見到生蠔，沾上檸檬汁或紅酒醋，即成爲可口的佳餚聖品。蝦類產品也爲台灣人經常享用，常見的有草蝦、泰國蝦、明蝦、紅蝦及劍蝦等，蝦只要新鮮，不論水煮、燒烤或蔥爆均美味可口；選擇蝦類時要避免購買蝦頭及蝦腳出現變黑現象的蝦類，目

前台灣蝦類多來自東南亞、越南海域。另在餐桌上也可常吃到龍蝦，台灣的龍蝦大多爲進口，因此多爲冷凍形式，其可能已失去龍蝦原有的美味。螃蟹類也是常見的海鮮產品，常使用的烹調方式爲清蒸或水煮，可保留其原有的美味。其他常見的頭足類產品，如烏賊，具有黑色的墨汁，由於近年來黑色物質具有抗癌的效果，因此頗受民衆喜愛；章魚由於有八隻手，故也稱爲八爪魚，在日本料理壽司中頗受歡迎。魚翅、鮑魚、蝦米及干貝則爲常見的水產乾製品，特別在過年節慶時常被作爲送禮的最佳選擇。

(二)採購原則

魚肉的採購首重新鮮度，一般新鮮魚色澤應爲皮膚光潤、肉色透明、肉質堅挺有彈性，鰓色鮮紅，眼珠光亮透明，鱗片平整固著有光澤，腹部有彈性，無傷痕，無惡臭。蝦則不可出現黑頭現象，蝦蟹應整體完整；另外，鼻子聞時不可有腥味及腐敗味道；活貝之殼不易啓開，外觀正常無異味；魚肉肉質以手觸摸應具彈性，切片具有透明感爲較新鮮之產品。冷凍海鮮品需注意在冷凍前要澈底清洗後再進行保存，避免重複解凍與冷凍，並注意標示要清楚明確。

三、蛋及乳製品

(一)蛋的基本特性

蛋的營養價值高且價格便宜，是日常生活中重要的食物之一。蛋的營養價值主要集中在蛋白與蛋黃，其富含優質的蛋白質，蛋黃更富含脂質、礦物質及維生素。

(二)蛋的採購原則

蛋的品質鑑定一般要注意蛋殼表面清潔無破損、蛋室要小、外殼粗

糙無污物、對光照射分界明顯、整個蛋放入6%的食鹽水中（即6克食鹽加入100毫升水中）可以下沉、打開後蛋黃完整不散開、蛋白濃厚透明，無血絲異物、輕盪無晃動感覺。除了鮮蛋以外，還有不同形式的蛋品，如冷凍蛋、乾燥蛋、皮蛋、鹹蛋、冷凍蛋黃、鹹鴨蛋黃等，故在購買蛋品前需注意其用途，以找尋適當的蛋原料。皮蛋與生蛋一樣，無黑色或黑褐色斑點（有黑色斑點者，含鉛量較高），蛋白部分呈透明之黃褐色，內部生成白色像葉狀之「松花」，剝殼時蛋殼裡面白色光滑，蛋黃部分表面呈乳色，內部糊狀呈淺藍色，乃至深綠灰色。

(三)乳品的基本特性

乳品爲哺乳動物分泌乳汁所產生，具有極高的營養價值。一般常見的有牛乳及羊乳，其中又以牛乳最爲大衆所接受。牛乳營養中的蛋白質，以酪蛋白占80%最多，酪蛋白經凝乳作用後，再經凝結、沉澱、分離而得凝乳塊，可做成乾酪。酪蛋白具良好胺基酸，營養價值高，是重要的蛋白質來源。乳清蛋白約占20%，具有免疫球蛋白及抗體，能增加動物的抵抗力。牛乳的脂肪含量約占3～3.8%。牛乳中的醣類大都爲乳糖，含量約占4.1～5%，乳糖有助於腸道乳酸菌的利用，利於乳酸及維生素B的形成。市面上常見的乳製品有乳油（cream）、優酪乳、煉乳、乳酪（又稱牛油）、乾酪及冰淇淋。

(四)乳品的採購原則

購買新鮮乳品時，除了需重視有效日期外，脂肪含量亦爲其分級的標準，以牛乳爲例，脫脂（含脂量低於0.5%）、低脂（0.25～2%）、全脂（3%）等區別。鮮乳爲乳白色的液汁，包裝良好無破損，無分離及沉澱現象，無酸臭味、濃度適當、不凝固、搖晃時不會產生很多泡沫、乳汁滴在指甲上形成球狀；不含任何粒狀或塊狀固體物，氣味良好無酸味、無脂肪臭、脂肪不分離、無夾雜懸浮物，應冷藏於4～7℃最適宜。乳粉呈乳白色，粉粒大小一致，無夾雜物、不成塊狀、無酸味、焦味及其他不良氣味，沖調後均勻，不應有顆粒狀，並具有牛乳獨特之風味。罐裝乳品其罐形完整不生鏽、無膨罐。調味乳及發酵乳等應無沉澱、酸敗及其他不良氣味。

四、蔬果類

(一)基本特性

蔬菜爲可直接生食或經烹調後的草本植物，蔬菜的生產因季節不同而對品質產生差異，其富含維生素、礦物質及膳食纖維，具獨特色素、風味及組織，具有重要的營養價值。蔬菜的種類相當多，一般分爲：(1)根菜類，例如蘿蔔、蓮藕；(2)莖菜類，例如馬鈴薯、大蒜及洋蔥等；(3)花菜類，例如花椰菜與韭菜花；(4)果實類，例如番茄及茄子；(5)種子類，例如四季豆及毛豆，另有蕈菇及海菜等。

蔬菜爲低熱量、低脂、無膽固醇之食物，屬於鹼性產品，主要提供維生素、礦物質及膳食纖維。一般而言，蔬果的碳水化合物以膳食纖維爲主，而甘薯及馬鈴薯的澱粉含量多；另外深色蔬菜（深綠色或深黃紅色）有較高的維生素及礦物質，也有較高的維生素B群；黃橙蔬果中含有類胡蘿蔔素，對維持人體健康具有非常重要的影響。

水果甜美可口，其中所含維生素、礦物質與纖維素含量也相當豐富，是人體必需的營養素。所有水果在水分、礦物質、維生素、膳食纖維上大致相似，僅在糖分熱量上差異較大，水果中醣類含量約在3～14%，一般以果糖、葡萄糖、澱粉、纖維素居多。大部分水果富含維生素C，深色水果含類胡蘿蔔素及葉綠素。水果中的有機酸，如蘋果酸、檸檬酸、有機酸及酒石酸，會使水果產生些微的酸澀味。購買新鮮蔬菜水果時應以果皮完整、組織飽滿、顏色明亮、光滑鮮豔、無斑痕、成熟適度、果體堅實、無斑點、水分充盈、無腐爛、蟲咬或破傷現象爲篩選原則。

(二)採購原則

每一種蔬果都有最適合的生長季節，稱爲「當令蔬果」（**表4-2**及**表4-3**）。隨著蔬果品種的改良、農業技術的進步，已能一年四季均可種植想種的菜。不過由於非當令蔬果在不適合生長的季節體質較弱，需要使用較多的農藥保護，而且價格比當令蔬果昂貴，所以選購蔬果還是以當令爲採購原則。一般蔬菜的貯存方式爲，先除去塵土及外皮污物，保持乾淨，用紙袋或多孔的塑膠袋套好，以免水分流失，放在冰箱下層或陰涼處，趁新鮮食用，貯存愈久，營養損失愈多。以冷藏較佳，且應適當包裝。

表4-2　蔬菜與產季月份的對照表

月份	出產蔬菜名
一至十二月	甘藍菜、大芥菜、蕹菜（空心菜）、結球白菜、小白菜、韭菜、胡瓜、芋頭、蘿蔔、菜豆
二至五月	洋蔥
二至十二月	冬瓜
三至十一月	蘆筍、絲瓜
三至十二月	苦瓜
四至十月	麻竹筍
四至十一月	茄子
七至九月	玉米
十月至翌年五月	花椰菜
十月至翌年六月	芹菜
十一月至翌年五月	胡蘿蔔
十一月至翌年九月	甜椒
十二月至翌年三月	洋菇
十二月至翌年四月	馬鈴薯

表4-3 水果與產季月份的對照表

月份	出產水果名
一至二月	楊桃、桶柑
二至三月	蓮霧
三至四月	枇杷、梅子
四至五月	李子
五月	桃子
五至六月	鳳梨
六至七月	荔枝、芒果
七至八月	梨
八月	龍眼
八至九月	番石榴、柿
九至十月	文旦、香蕉
十至十一月	木瓜
十一至十二月	柳橙、椪柑
十二月至翌年一月	番茄

五、穀類

常見的穀類產品主要作爲主食用，可提供醣類及營養素，例如：米、麥及其粉製品（饅頭、麵條、麵包、麵粉）、甘薯、馬鈴薯、芋頭等，均爲消費者常選購的產品。選擇原則爲穀粒堅實，均勻完整，沒有發霉，無砂粒、蟲等異物。麵粉粉質乾爽，無異味異物或昆蟲，色略帶淡黃色。但需注意，米愈精白，維生素及礦物質愈少。甘薯、馬鈴薯、芋頭外表要清潔完整，堅硬肥大，無芽無損傷，無感染黴菌。若無法立即食用完畢，應儘量選購小包裝製品並注意標示及製造日期。現有推廣之小袋裝米，保鮮度甚佳，可多採用。在保存方法上，應放在密閉、乾燥容器內，且置於陰涼處。勿存放太久或置於潮濕處，以免蟲害及發霉，若已發生長蟲或發霉現象，應立即將剩餘產品丟棄。馬鈴薯等塊莖類如同水果蔬菜，清潔後用紙袋或多孔膠袋套好放在陰涼處。應至有信譽的商店或販賣店購買。購買回來後，若發現品質不良時，不可食用。

六、油脂類產品

油脂類提供豐富的脂肪，以維持人體熱量及代謝功能，每1公克產生9大卡熱量。一般市面上將油脂分爲：

1.植物油：例如沙拉油、花生油、玉米油、米糠油、紅花籽油、椰子油、黃豆油、人造奶油和香酥油等。

2.動物油：豬油、奶油、魚油、家禽類之油脂等。

在油脂品質辨識上，需注意油質澄清度，無沉澱、泡沫、異物、異味及酸敗情形。包裝密封完整，無破損，鐵質容器不生鏽。標示清楚，注意有效日期，若無法即時食用完畢，儘量選取小包裝，不買散裝及來源不明的廉價油。應選購信譽可靠的廠牌，或至有信譽的商店購買。一般消費者可利用簡便的辨識方法來確保油脂品質的好壞，例如，聞起來無油臭及酸敗味，放入鍋中加熱不起泡者；麻油香味濃，用舌尖嚐之不發麻、無沉澱。油脂購買後應注意貯存環境，放置於陰涼處，勿放在火爐邊，不用時罐蓋要蓋好，並於有效期限內使用完。

七、加工製品及雜貨

(一)基本特性

加工食品的型態繁多，例如罐頭食品、冷凍食品、脫水食品、乾燥食品、眞空食品、濃縮製品等，由於新鮮食品已先經過特別處理，一般可以存放較長的時間，且可避免因氣候溫度等因素影響產品的生產，可事先進行庫存管理，且貨源穩定，價格波動不大，因此頗受消費者及餐飲業者的喜愛。冷凍食品的食用已相當普遍，因此針對冷凍食品於下段再加以探討。舉凡廚房裡必須使用的調味料、辛香料等均屬於雜貨，選購時應注意包裝完整性、廠牌公正性、使用用途、產品保存，及食品添加物的標準等。

(二)採購原則

在購買加工食品與雜貨前應注意下列原則：

1.用途：所需製作的產品，例如蛋糕與麵包應使用不同的麵粉。
2.認證機構核可：經政府機關認可的產品，其品質較具保證，也較受消費者接受。目前常見到的政府標示如台灣優良食品（TQF）發展協會提供驗證、HACCP（危害分析重要管制點）、健康食品、CAS優良冷藏或冷凍食品、產銷履歷農產品（TAP）標章等。
3.規格大小：一般購買產品時應有獨特需求，因此不可隨意更換品牌；此外，包裝與食品形狀的大小規格也要評估；同樣是奇異果，肉色有黃有綠，產生的風味也大不相同，採購人員應根據使用者需求加以購買。
4.食品添加物的標準：加工食品及各種雜貨製品，常內含化學添加物，如防腐劑、色素、抗氧化劑等，必須注意合乎自己所需的產品；現在坊間許多食品均標榜「有機食品」或「健康食品」的製作產品，也需注意其進貨的標準，以免有欺騙消費者之嫌。

八、冷凍食品

(一)基本特性

冷凍食品可說是最接近新鮮食物的食品，就是把品質良好又新鮮的食物經過加工處理，放在極低的溫度下，讓它極速凍結，以抑制或減緩食物中的酵素作用、化學變化和微生物繁殖，使它保持在凍結狀態的一種食品。因此，冷凍食品並不是把不新鮮或快腐敗的食物冰凍起來，而是一種眞正能長期保持新鮮及營養的食品。

◆冷凍食品的種類

冷凍食品的種類很多，常分爲下列幾種：

1.冷凍畜產品：如冷凍豬、牛、羊、雞、鴨等。
2.冷凍水產品：如冷凍魚、蝦、貝介。
3.冷凍農產品：包括冷凍蔬菜和冷凍水果。
4.冷凍調理食品：又分爲不需加熱即可食用和需加熱才能食用兩種。不需加熱即可食用，成品已經是熟的，或是生食者只需解凍，立刻可食，如西點類的蛋糕、派及冷凍水果等。而需加熱才能食用，爲成品還是生的或半生，需要烹調方可食用，如冷凍芝麻湯圓、冷凍水餃、冷凍燒賣等。另有一些成品已經是熟的，但爲了更可口，常會蒸熱後再食用，如叉燒包、饅頭、花捲等。

前三種食品型態的加工法類似，均爲冷凍食品工廠到各原料產地，收購品種優良、成熟度適當的新鮮原料，運回工廠，再經由專門訓練的人員挑選品質良好者，經過清洗，除去不能食用的部分，再將大塊食物切成各種形狀，以便製成成品後，主婦們能依烹調所需，自由選購。切割後，爲了使品質能保存得更好，所以不同種類的食物還需要經過不同的前處理，然後再進行最主要的冷凍處理。冷凍處理的方式很多，如個別快速冷凍法、接觸式凍結法等，至於用何種方式較好，視食品的種類而定，但是一般來說，急速冷凍較慢速冷凍好，因爲急速冷凍是很快速地將食物的中心溫度降至-18℃以下，使食物中的水分形成細小均勻的冰晶，而不會破壞食品的質地；反之，慢速冷凍會產生很大的冰晶，易撐破食物的組織、結構，導致解凍後質地變軟，風味變差。冷凍食品種類既多，且已先經工廠的預先調理，除了可節省家庭主婦不少時間外，也非常適合工業型態社會的飲食需求。

◆冷凍食品的特點

冷凍食品的特點如下：

1.品質良好：原料要選擇最好的品種且新鮮、品質均勻、成熟度一致者，再經過急速冷凍；因為時間短，溫度降得快，食物中的水分子都形成細小、均勻的冰晶，使成品質地不會遭到太大破壞而類似新鮮者。而且經一致大小管理較易維持品質。

2.營養豐富：冷凍食品與其他食品在加工方法相較下，是養分損失最少的一種，因為在加工過程中迅速冷凍，營養成分破壞最少，所以冷凍食品所能供給的營養成分幾乎與新鮮食品相同。

3.衛生安全：原料進廠後，必須經過洗滌，除去泥沙、夾雜物、污物，接著經過調理、去蕪存菁，然後在冰點以下的溫度處理，使微生物失去活動力而不易生長，所以不必添加任何防腐劑，因此只要處理過程無任何污染，便可確保及維持產品的安全。

4.烹調方便：不論家庭用或營業用，消費者可依自己的需要，選購各種處理好的成品，回去後只要經過簡單烹調，甚至打開即可食用；節省了洗、切、製作的時間，且可大量貯存，省去了每日購菜的麻煩，尤其適合單身、職業婦女及團體膳食等使用。

5.消除時間及地區的限制：由於保存時間較久，且可於原料盛產期先行加工，因此不受時間、地域的限制，均可享用到各種食品。例如：冬季也能吃到夏季生產的水果、國內也能吃到其他國家進口的產品。

6.經濟實惠：當原料過盛時，可製成冷凍食品，以減少農友損失。當新鮮食物來源不足時，能適時供應，減低消費者負擔，對整體國家社會、大眾民生而言，可穩定物價，合乎經濟原則。

(二)採購原則

在購買冷凍食品時，要先查看冷凍庫的空間，再依需要前去選購，以免購買回來後，因冷凍庫東西太多而放不下。選購時要特別注意的問題包括：

1.包裝完整：不論用任何容器（如塑膠袋、鋁盒、塑膠盒或紙盒包裝），都要完整無缺，包裝若有破損，內裝食物很容易被污染或變質。

2.注意標示：檢查包裝是否有食物名稱、重量、原料及成分、添加物、廠商及其地址、使用期限等。

3.產品外觀：食材本身的顏色、保存狀況，以避免有冰晶狀況。

第四節　食品標示

購買食品一定要確認食品標示，一般食品標示項目包括：品名、內容物（重量、容量或數量）、原料名稱、食品添加物名稱、製造廠（商）名稱及地址、進口廠（商）或代理（廠）商名稱及地址、製造日期。因此認識食品標示有助於維持採購的品質，避免不必要的損失。

一、由食品標示看品質

在食品多樣化的今天，消費者必須藉由「食品標示」來作爲選購食品時的重要指標；業者應將食品品質及內容，經由正確的標示方式顯示在包裝外觀上，這不僅代表對其產品的負責態度，也是食品品質的呈現方式。對消費者來說，正確的標示除了可提供適當的消費資訊外，消費者正確的認知和適宜的選擇購買，也是對消費權益的另一層保障。因此《食品安全衛生管理法》即規定，有容器或包裝的食品即應依法令規範，清楚標示相關事項，以利消費者選購。食品器具、食品容器或包裝之衛生安全，與其使用方式有密切關係，爲使食品業者及消費者能清楚瞭解產品相關資訊及注意事項並正確使用，食藥署持續加強食品器具、食品容器或包裝之標示管理，若食品接觸面含塑膠材質，須同時讓消費者知悉產品適用於接觸食品、爲重複性或一次使用等資訊，並明確告知使用該產品的注意事項，以利消費者正確使用。

所謂食品容器、食品包裝，在《食品安全衛生管理法》中的界定是指「與食品或食品添加物直接接觸的容器或包裹物」。所謂「有容器或包裝的食品」，一般是指有包裝的食品「經過開封（啓）後能與未經開封（啓）的原產品有所區別或能予以判定者」，亦即包裝食品型態符合此條件者，即需依法清楚標示相關事項。訂定食品標示的目的之一，是讓消費者可以經由標示，清楚瞭解食品品質內容及負責廠商等相關訊息。因此，藉由食品包裝標示，可以清楚看出廠商的態度與食品的品質。

二、食品標示項目

(一)須標示的項目

在衛福部的規範中，有容器或包裝的食品，都應該用中文及通用符號顯著標示下列事項：

1.品名。
2.內容物名稱及重量、容量或數量；其爲兩種以上混合物時，應分別標明。
3.食品添加物名稱。
4.廠商名稱、電話號碼及地址，輸入者應註明國內負責廠商名稱、電話號碼及地址。

5.有效日期。經公告需標示製造日期、保存期限或保存條件者，應一併標示。

6.其他經中央主管機關公告之標示事項。

此外，在標示時也需注意，不可有誇大不實的情節，更重要的是，食品絕對不可以有醫療效能的標示。此規定最主要之精神在於保護消費者，食品絕對不是藥品，以免誤導眞正有病卻不正確就醫，反而寄望「誇大不實、有神奇功效」的食品來「治療」疾病的患者，最後危害了自身健康。因此，對胡亂吹噓有神奇功效的不實食品標示，不僅是執法的衛生機關要加以查處，消費者亦責無旁貸應予檢舉。

(二)禁止標示的描述用語

禁止使用於食品標示的描述用語如下：

1.涉及醫療效能的情形，諸如宣稱預防、改善、減輕、診斷或治療疾病或特定生理情形，如治療近視、恢復視力等。宣稱減輕或降低導致疾病有關之體內成分，如解肝毒、降肝脂、抑制血糖濃度等。宣稱對疾病及疾病症候群或症狀有效，如改善更年期障礙、消渴等。涉及中藥材之效能，如補腎等。引用或摘錄出版品、典籍或以他人名義並述及醫療效能者。

2.涉及虛僞誇張或易生誤解情形，涉及生理功能者，如強化細胞功能等。未涉及中藥材效能而涉及五官臟器者，如保肝等。涉及改變身體外觀者，如豐胸等。涉及引用衛生署相關字號，未就該公文之旨意爲完整之引述者，如衛署食字第88012345號。

三、營養標示

營養標示可以使消費者瞭解食品的熱量、蛋白質、脂肪、碳水化合物及鈉等五種基本項目，如果產品宣稱是高鐵、高鈣或富含特定營養素（如維生素A、C），就必須把宣稱的營養素含量標示出來。營養標示的目的是讓消費者在選擇食物時，可以依照個人需求，想吃多少熱量、想控制油脂攝取，甚至是有限制糖分或鹽分的需求，只要掐指一算，就可知道這個食品到底適不適合自己。

目前營養標示共計有五種格式，依基準值的不同，大致上可歸爲四大類，如下：

1.以100克（固體）或100毫升（液體）爲單位。
2.以「每一份量」爲單位。
3.標示可補充攝取之營養宣稱時，以每30公克（實重）作爲衡量基準之食品。如起司、肉鬆、肉醬、豆豉、豆腐乳、西式烘焙食品、中式糕餅等。
4.標示可補充攝取之營養宣稱時，應以每1公克（乾貨）作爲衡量基準之食品。如蝦皮、蝦米、海菜、柴魚、海帶芽、紫菜、海蜇皮等。

因此消費者在讀取營養標示時，首先要看它的容量。第二步是對照營養標示上的基準值，基準值可能是以每100克、每100毫升，亦或是每一份量表示之。第三步就是確認這一項產品總共提供多少份量，或者是它的容量是營養標示基準值的幾倍。最後，將所得的份數或倍數乘上營養標示上的數值，就代表這項產品提供之熱量及營養素。

某些補充性食品在營養標示上有營養宣稱，分爲「需適量攝取之營養宣稱」及「可補充攝取之營養宣稱」兩種。「需適量攝取之營養宣稱」包括熱量、脂肪、飽和脂肪酸、膽固醇、鈉及糖等，如攝取過量，將對國民健康有不利之影響，故將此類營養素列屬「需適量攝取」之營養素含量宣稱項目。而「可補充攝取之營養宣稱」例如膳食纖維、維生素A、維生素B_1、維生素B_2、維生素C、維生素E、鈣、鐵等營養素，如攝取不足，將影響國民健康，故將此類營養素列屬「可補充攝取」之營養素含量宣稱項目。如該產品有特定訴求，如「高鈣奶粉」，在營養標示上就必須將鈣含量標示出來。產品在做各種營養宣稱時，都必須符合所規範的含量範圍始得宣稱。買東西前透過營養標示，在同類食品中選擇最適合自己的商品。多用點心，會讓您更健康。

身爲現代消費者，充分瞭解必要的資訊已是日常生活中的趨勢，而在產製、銷售及消費食品的每個環節，也都各有其應備的認知觀念。在整個過程及維護消費者飲食安全的觀點來說，除了執法的衛生主管機關外，最大的約束力也可來自消費大衆，爲了自身、家人、親朋好友的健康和消費權益，每位消費者都應扮演監督者的角色。如此，始能讓整體食品衛生管理和食品消費環境更趨理想。

參考文獻

一、中文

林万登譯（2002）。《餐飲營養學》。台北：桂魯。

洪士峰（2019）。《餐旅採購管理與成本控制》。新北：華立。

葉佳聖、王翊和（2020）。《餐飲採購與供應管理》。新北：前程。

蘇芳基（2019）。《餐旅採購學》。新北：揚智文化。

二、網站

食品標示諮詢服務平台，https://www.foodlabel.org.tw/FdaFrontEndApp

食物前處理

學習目的

- 瞭解食材的處理方法
- 前處理各種食材的注意事項
- 認識基本刀工

第一節　食材的處理

食物採購之後隨即進行相關食材的處理，以便於第一時間保持產品的新鮮與衛生，並易於之後的烹調與加工。食材進貨後需依其特性進行前處理，一般前處理區爲一般作業區，只要是通風排水良好的地方，均可爲食物前處理的場所。一般食材依其特性處理分成下列幾種，分別說明如下：

一、高風險食材

主要爲帶有天然污染物，例如泥土等。其處理基本原則：第一步驟需以水清洗，若處理立即食用的生鮮蔬菜，例如沙拉等食材，則需使用飲用水再加以清洗。

二、具有潛在性危害及半成品食材

一般若已烹煮過的半成品食材，於室溫放置超過四小時，則易造成危害，因此此類食材屬於具有潛在危害，必須立即處理。前處理程序複雜，經多人處理，易造成交叉污染，故應注意準備食材的時間性及準確性；食材於進貨過程中可能經過多次的溫度變化，例如高湯，需注意其溫度的掌控；大量製備食物時，常有烹調的時間壓力，然而唯有將產品經過嚴格處理且過程完整，才可避免後續的危害。一般消費者之所以使用半加工品，主要是可減少製備時間、工作量、減少人力及廚餘；在食材的控制方面，則可增加菜色變化及多樣性，且藉由專業製造品質穩定、份量易控制，食材已事先分切，雖可減少後續污染的危險，但仍需考慮食材是否有腐敗的危險。

三、食材的解凍

一般常見的解凍方法爲放置冷藏解凍，但由於所需時間較久（**表5-1**），因此多半用在製備預先規劃的產品，臨時解凍的情形無法用此方法；另外可以21℃流水解凍，但需注意食材包裝的完整，以避免流水進入食材產生污染的現象；解凍後馬上烹煮的食物可選用微波解凍，但微波有加熱不均的危險，因此體積過大者不宜用微波解凍。

表5-1　各種冷凍食品在不同溫度下的保存期限

種類	保存期限	
	-18℃（年）	5℃（日）
熟的飯菜	1	2
調理食品	1	2
半調理品	1/2	6
蔬菜	1	4
水果	1	3
果汁	1	6
豬肉	1/2	6
其他肉類	1	6
家禽	1/2	3
魚類海產	1/2	2

・-18℃：為新式雙門冰箱，冷凍庫和冷藏庫分開，冷凍力最強。
・5℃：為冰箱的冷藏庫，因溫度較高，食物的保存期限最短。

表5-2爲幾種常見的解凍方法。解凍後須立即食用，不應再放入冷凍，重複解凍及冷凍；而解凍後溫度上升，細菌就會開始繁殖，若無妥善進行溫度管理，食用後可能導致食物中毒。

表5-2　幾種常見的解凍方法比較

解凍方法	時間	備註
冰箱中之冷藏室	六小時	時間充裕時用之，以低溫慢速解凍
室溫	四十至六十分鐘	視當天氣溫而異
自來水	十分鐘	時間不充裕時用之，但必須用密封包裝袋一起放入水中，以防風味及養分流失
加熱解凍	五分鐘	用熱油、蒸汽或熱湯加熱冷凍食品，非常快速，若想解凍、煮熟一次完成，則加熱的時間要延長些
微波	二分鐘	按不同機型的說明進行解凍

第二節　各類食材前處理注意事項

食材處理順序爲：乾貨→加工食品（素）→加工食品（葷）→蔬果→牛羊肉→豬肉→雞鴨肉→蛋類→魚貝類；主要處理原則，由乾貨、低污染到高污染，一般清洗順序與切割順序相同。各種食材前處理流程說明如下：

一、禽畜肉及水產品

此類產品爲具潛在危險食品，溫度不足即可造成不新鮮的問題，因此在每一階段需徹底清洗乾淨。一般須放於冷藏或冷凍貯存，用多少量才拿多少量出來，以確保產品的安全衛生。

二、蛋類

蛋類的營養價值高，但未清洗之蛋類，常易有雞糞，而有較多微生物的污染。生鮮蛋品應置於冷藏溫度下，盛裝蛋品的相關器具使用後需立即清洗，以防有破蛋的汁液流出，造成細菌增生而污染了環境。烹煮蛋類食品時，應將蛋打於小碗中以目測方法觀察其新鮮程度；已煮熟的蛋應儘快食用完畢，最好能在二小時內處理完成；若製作沙拉醬，除了在製作過程須注意衛生外，也須將成品放於冷藏庫保存。現在坊間已有液態殺菌蛋與蛋粉，殺菌蛋由於已經滅菌，因此可以保存較久；而蛋粉水活性低，較適合長久保存，但是開封後也須避免放於室溫，以免受潮造成蛋品不新鮮。

三、蔬果類

大部分蔬果類產品在採購時已要求供應商進行基本的清洗，不過烹煮前仍需再次清洗。蔬果表面要清洗乾淨，以防分切污染；葉菜若帶有泥土，可切除根部後再清洗；注意砧板及刀具清潔，要將蔬果與魚肉分開水槽或相隔時間處理；已分切的蔬果應保持冷藏或低溫貯存，並儘快烹調處理完畢，以防與空氣或其他物質接觸，造成二次污染或產生食品品質變化。蔬果清洗最主要是在去除灰塵，及可能存在的寄生蟲外，最重要是洗掉可能殘留在表皮上的農藥，但任何清洗方法只能去除殘留於表面的農藥，差別只在於用水量的多寡及如何防止減少營養分的流失。通常清洗蔬果不建議使用清潔劑，因爲可能造成清潔劑殘留問題。因此，清洗蔬果最好的方法是先用流水沖掉外葉可能沾染的灰塵，浸泡片刻後再仔細清洗；另外，亦需注意蔬菜應先清洗再切，而非切了再洗。幾種菜類清洗法如下：

1.包葉菜類：如包心白菜、高麗菜等，應先去除外葉，再將每片葉片分別剝開，浸泡數分鐘後，以流水仔細沖洗。
2.小葉菜類：如清江白菜、小白菜等，應先將近根處切除，把葉片分開，以流水仔細沖洗（特別注意接近根蒂的部分之清洗）。
3.花果菜類：如苦瓜、花胡瓜（小黃瓜）等，如需連皮食用，可用軟毛刷以流水輕輕刷洗。此外，如甜椒（青椒），有凹陷之果蒂，易沉積農藥，應先切除再行沖洗。

4.根莖菜類：如蘿蔔、馬鈴薯或菜心類，可用軟刷直接在水龍頭下以流水刷洗後，再行去皮。

5.連續採收的蔬菜類：如菜豆、豌豆、敏豆（四季豆）、韭菜花、胡瓜、花胡瓜（小黃瓜）、芥藍（格蘭菜嬰）等，由於採收期長，為了預防未成熟的部分遭受蟲害，必須持續噴灑農藥，因此農藥殘留機率較多，所以要多清洗幾次。

6.去皮類的水果：如荔枝、柑橘、木瓜等可用軟毛刷以流水輕輕刷洗（即使是香蕉也應洗過再剝皮）後，再去皮食用。

7.不需去皮的水果：如葡萄（先用剪刀剪除根莖，不要用拔的）、小番茄等可先浸泡數分鐘再用流水清洗。草莓則可用濾籃先在水龍頭下沖一遍，再浸泡五至十分鐘後，再以流水逐顆沖洗。

四、裹粉裹漿類

食材經由裹粉與裹漿為多種材料混合的物質，因此需注意其衛生安全，例如在使用過程中常使用蛋液，因為蛋有黏著的效果，且可增加香味及呈色，因此常用做於裹粉或裹漿的原料，但要注意其衛生問題，所有裹料最好於現場混合。不同食物應分開沾裹，且應避免不同種類產品同時入鍋，或一次下鍋量太大。沾裹處理後的產品應儘早處理，嚴禁放於室溫，並存放於冷藏或冷凍保存。

五、綜合沙拉類

生菜水果的處理原則同上，原料處理後應放於冷藏室，並於冷藏室加以裝飾與擺盤。若無法提供冷藏擺盤空間，則需將產品於低溫擺放，並於擺放後立即出菜，嚴禁再次冷藏保存。隨時注意溫度與時間的控制，以確保生鮮蔬果品質的穩定。

第三節　基本刀工

刀工，簡單的說是利用各種不同的方法，將食物材料切成特定形狀；其爲廚師的基本技術，也是學習烹調之始。烹調材料種類繁多，烹調方法需與材料形狀配合，才能產生良好的食物特色。

一、刀工的意義

菜餚提供色、香、味、形等四要素，這些均與刀工有密切的關係。刀工主要功能如下：

1.助於入味：食物材料經切割並破壞組織，有助於味道的滲入。

2.易於烹調：材料切成小、細、絲或薄片，有助於短時間的爆炒烹調法，增加菜餚的色、香、味。

3.賞心悅目：食材切割整齊，有助於增加人們對菜餚的食慾。

4.有助健康：烹調食物不但要美味可口，還必須有助於營養成分的維持及促進人體消化與吸收，爲了達到這目的，食物也需經適當切割，才能易於烹調且保留原有的美觀與風味。

5.重質重量：運用刀法，將各種質地及顏色不同的食材切成不同形狀，再加以拼擺，以增加產品的價值。

二、刀工的基本要求

1.材料切分後應注意其粗細及厚薄均一：材料厚薄粗細不均，易造成產品受熱不均，不僅影響產品的調理風味，也可能影響衛生要求。

2.刀工俐落勿連起：材料有連起未斷的部分，會影響產品的美觀與價值，故需注意刀刃不可有缺口、砧板要平整、力道要平均。

3.配合烹調方法：需長時間烹煮，則要配合大塊切割；短時間之快炒，則適合薄片細小。

4.材料本身的性質與差異：未帶骨肉比帶骨肉因其收縮較大，需切割較大塊；副材料需切割較主材料爲小，以突顯出主材料的價值。

三、常見刀工法

(一)垂直刀法

1.切：一般用於無骨材料。菜刀一刀垂直向下，並非往前及向後拉，即爲直切，適用於脆性材料。材料不夠細緻不易直切時，可使用推或拉切，例如附有彈性的肉片，其切法是刀與材料成直角，切時刀從持刀者內側向外移動。若用於無骨而富韌性的材料，如切火腿或白切肉等，使用推拉切。而質地鬆軟且易變形的材料，如麵包及蛋糕則使用鋸刀切。此外，圓形或橢圓形材料，適合材料邊滾轉邊切，則稱爲滾料切。

2.劈或砍：適合用於有骨或硬質的材料。直刀劈爲看準劈切處，用力垂直劈下，使用力道在於手臂，以一刀劈斷爲原則。跟刀劈是將刀刃緊接材料劈切處，使菜刀與材料一起上下。拍刀劈是將刀刃緊貼於劈切的位置，右手緊抓刀柄，左手用力敲拍刀背切斷，此法在於用力的方法，且菜刀緊貼於預定劈切的部位，不得移動。

3.斬或剁：常適用於無骨材料的切配。通常使用雙手持刀，將材料切成茸或末的形式。

(二)平刀法

又稱片刀法，保持刀與砧板爲平行狀態的刀法。

1.平刀片：平放刀身，使刀與砧板成平行，適用於豆干、鴨血的平切。
2.推刀片與拉刀片：推刀法爲平放刀身，切入材料後由靠近持刀者一方切至另一方，適用於煮熟清脆的材料，例如竹筍等。而拉刀片則與推刀片的方向相反，適用於去骨的家禽肉與豬牛羊等富彈性的肉。

(三)斜刀法

切菜時菜刀與材料成斜角，又分成正斜與反斜。正斜刀法，適用於無骨切成斜形稍厚的片或塊，例如切腰片或魚片。反斜刀法，適用於酥脆易滑的材料，例如墨魚。

(四)混合刀法

混合使用切與片的刀法。利用混合刀法可使材料看起來更美觀，且材料質地柔軟易碎。

第四節　常用設備及其管理方式

廚房器具最好經紫外線殺菌，保持清洗槽的清潔，不同產品及設備清洗應區隔，若有自動洗米機應儘量將水排放至排水溝內。下列爲幾種常用設備的管理方式：

一、刀具

應使用碳鋼、不鏽鋼、高碳不鏽鋼刀具，避免生鏽情形產生，切割生或熟食品，刀具應區別，以避免交叉污染。

二、砧版

常見為木質、塑膠。商業上需使用氯水或70%酒精清洗，並進行生熟砧板管理，例如，使用紅色——肉類，藍色——魚貝類，白色——熟食，綠色——蔬菜。工作檯也應以氯水或酒精擦拭。

三、食物攪拌機

主要常用在麵粉、麵糰或肉類的攪拌。攪拌刀的形狀可分為槳型、勾型及球型，不過部分攪拌刀具有不易清洗之凹槽，且常使用油脂及蛋白質含量高的物質，因此需拆解且特別加強清潔及注意安全。

四、蔬菜截切機

盒餐及團膳業者常使用此種設備，因使用蔬菜截切機能將蔬菜切段、片、絲等，可獲得品質一致的產品。

五、肉品切片機

利用調整輪刀與主機寬度，即為厚度，凍結的肉較容易切割。

六、絞肉機

利用攪拌刀將肉切碎，但由於刀具鋒利，在裝卸刀具時要小心，也應注意清洗時的安全。

七、製冰機

食用或與食物直接接觸的冰塊，應使用飲用水製作；盛裝冰塊的冰桶或冰杓需保持乾淨，且冰杓不應置放於製冰機內。

參考文獻

一、中文

李錦楓、林志芳、楊萃渚（2018）。《食物製備學：理論與實務》。新北：揚智文化。

徐阿里等（2018）。《食物製備原理與應用》。台中：華格那。

黃韶顏、曾群雄、倪維亞（2015）。《食物製備原理》。台北：五南。

二、網站

中餐烹調技能檢定，http://meihsiu.com/union3/download/%A4%A4%C0%5C%A4%FE%AF%C5%B3N%AC%EC.pdf

食物烹調

學習目的

- 瞭解烹調對飲食的重要性
- 瞭解何謂調味
- 認識烹調技巧
- 裝盤的意義
- 食物烹調時所需注意事項

飲食是人們生活不可或缺且賴以維生的物質。中華飲食發源於廣大的中國，受到人類活動與悠久歷史及環境所影響，飲食是人類生活所必需之活動，人類爲了維持生活，與土地、環境所產生有關的飲食活動產生互動，而爲飲食文化的內涵。鑽木取火、餐具的發展，使人類脫離生食。熟食，讓人們脫離野蠻進入文明；烹調，增加了食物的美味也開創食物良好的價值。因爲現代化的烹調技術，改善了人們的物質與文化生活。

第一節　烹調對飲食的重要性

一、烹調意義與作用

烹調包括了食物製熟的概念，更具有調和味道的作用，賦予飲食製備及文化的特徵，烹調除了將食物給予另一種生命外，更有以下意義：

1.去除有毒物質：某些食物先天存有對身體有害的物質或酵素，利用加熱能將有毒物質或酵素破壞，避免身體營養素或物質的拮抗。

2.去除有害昆蟲：利用加熱可將部分有害寄生蟲或昆蟲先行破壞，以消除對人體的危害。

3.將大分子食物先行分解成小分子：部分食物所含營養素是以巨大分子存在，不利於人體吸收，若經烹調後則可將大分子轉爲易吸收的小分子，食物烹調過後將有助於食物營養吸收更均衡、健康及完整。

4.增加食物的美味：正確的利用烹調方法可增加食物的美味，另外，使用不同刀法、不同調味及各種材料組合，都會讓食物有更多變化。

5.變化食材原有風貌：運用烹調的過程可以將單一食材製作成不同食

材，以增加食物原有的價值。

二、食材及基本相關烹調特性

(一)五穀澱粉類

在烹調過程中較常使用的食材爲米、小麥製品、玉米、馬鈴薯及甘藷。在烹調上運用各式的穀類澱粉食材製作菜餚及點心的機會很多，其菜色頗受消費者歡迎。不過，不同原料所能提供的產品也不同，如各式稻米的特性與用途就不同，一般精白米分成在來米（仙米）及蓬萊米（粳米），在來米含較多的直鏈澱粉，烹煮後質地較爲鬆散，適合炒或磨粉後製成粿粉、米粉、碗粿、蘿蔔糕等；而蓬萊米適合製作壽司及米漿等。糯米含較多支鏈澱粉，適合製成黏性較大的產品，例如油飯、桂圓粥、湯圓、麻糬等。小麥爲世界上分布最廣、使用最普遍的糧食作物之一，小麥經磨粉後，依其蛋白質含量分爲特高筋麵粉（蛋白質含量13.5%以上），適合用於製作義大利麵條、春捲皮；高筋麵粉（蛋白質含量11.5%以上），適合用於吐司、麵包、油條與麵筋；中筋麵粉（蛋白質含量8.5%以上），適合用於中式點心，如包子、餃子等；低筋麵粉（蛋白質含量8.5%以下），適合用於蛋糕、西點、油酥類及點心；澄粉（不含蛋白質），適合用於水晶餃及粉果類產品。在澱粉的烹調特性方面，澱粉是由葡萄糖所組合之長鏈分子，依其鍵結不同可分爲直鏈澱粉與支鏈澱粉，支鏈澱粉高的產品（例如糯米類產品）易吸收水分，不易乾硬。

(二)肉類

豬肉爲國人最常食用的肉製品，豬隻不同部位有其適合的烹調方式。牛隻則在人類飲食發展上占重要地位，早期人們常利用牛隻進行苦力的耕田工作，基於情感，因此早期較少吃牛，然而現在牛隻已多轉爲飼養，且其因肉質中的蛋白質與鐵質含量較高，因此深受消費者喜愛。雞隻為我國肉品消耗量的第二位，其脂肪含量較少，因此在追求健康的同時廣受消費者重視。國內雞隻可區分為土雞、肉雞、蛋雞，其中又以土雞的肉質及風味較佳，肉雞較適合久燉，特別是老母雞適合用於燉湯。

(三)水產品

水產品的烹調產品中以魚類居多，魚類中脂肪成分主要為多元不飽和脂肪酸，魚肉的水含量高，肉質較細。水產品的烹調首重新鮮，使用蒸煮的方式可呈現魚肉的新鮮度，體積較大者可採用煮的方式。花枝及魷魚等軟體動物建議以煮或烤的方法增加其鮮美；蝦及蟹則使用清蒸方法最佳。水產加工品方面則有醃漬、乾製、魚漿加工品、罐裝食品，需留意製造及保存期限。

(四)豆類

豆類及豆類相關製品在飲食中扮演重要的角色。豆類烹煮時尤需注意新鮮度，豆腐或豆干如出現酸敗、產生表面黏滑現象，表示已腐敗。豆漿需煮沸才可食用，且在烹煮時一定要不停地攪動。

(五)乳類

牛乳若經加熱烹調，會產生一層薄膜，這是由於酪蛋白與鈣作用所造成，加上水分蒸發所形成，因此牛乳烹煮時最好能隔水加熱，以免鍋底焦黑。酸性物質及鹽類應在牛乳菜餚完成時再加入，否則易產生凝塊。酸性食品加入牛乳時，會使pH值下降而凝塊，若再繼續加熱，則會使凝塊加速。

(六)蔬果類

蔬菜與水果均有多采多姿的顏色，水果的組織較蔬菜不適合長時間烹煮。蔬果具有多種色素，加熱後會產生顏色變化，不過像胡蘿蔔素就相當穩定，不易因加熱而改變；綠色蔬菜的葉綠色，酸性時呈現橄欖色，鹼性時呈現鮮綠色，因此烹調時可使用汆燙用以穩定菜色，使用大火快炒、縮短加熱時間；紫紅色菜色，酸性時呈現紅色與紫色，鹼性時呈現藍色變綠黃色，避免與金屬離子接觸；淡黃色的蔬菜避免加熱過久，以免色澤黯淡。

第二節　調味

古人有言：「民以食爲天，食以味爲先。」這話透露了調味品在飲食上的重要地位。調味的好壞嚴重影響菜餚風味的品質，調味可以增加菜餚的生命，更可透過調味的精神，讓消費者瞭解此菜餚的價值與精髓。

一、調味的功能

調味的功能可分爲下列幾點：

1.去除異味：有些原料如動物內臟、牛羊肉及水產品，有較濃的臭、腥、羶等不良味道，消費者的接受度較低，經適宜調理後可將味道互相抵銷。
2.減輕烈味：如辣椒、芹菜、蘿蔔、茴香等，可藉由透過調味，沖淡或混合其強烈的味道。
3.增加鮮味：有些高檔的原料較淡，例如海參或魚翅等，可藉由調味增加其風味，以提高食品價值。

4.變化口味：藉由烹調可改變食品的風味，例如同樣是魚，藉由調味可做成醋溜魚、紅燒魚及麻辣魚等。

5.增加色彩：加入調味料的過程可增加菜餚的顏色，例如加糖可以將肉類變成焦紅色，牛奶可使菜色成為混濁潔白，番茄醬可成橘紅色。

辛香料是一種用於調味的植物烹調材料之總稱，辛香料就其味道而言，可分為火辣、甜辣與甜味，其基本作用與調味料的作用相似，但一般並不太會改變食物本身的味道。簡單說明如下：(1)去除臭味：蓋過一些人們不喜歡的氣味，常用於此作用的香料為迷迭香、百里香、蔥、蒜等；(2)賦香作用：配合食品食材產生愉悅的香味；(3)辣味：辣味與香氣一同刺激口鼻，激發唾液與胃液的分泌，增加食慾；(4)著色作用：利用香料本身原有顏色的特性；(5)減少人工調味料的使用：一般調味料添加後除了改變食物本身原有特性外，對人體健康也較不佳。

二、基本味覺

調味與人類味覺之間具有相關性，食物的味道主要是由人體味覺器官——舌頭表面的味蕾所感受，它在舌面分布並不平均，再經由感受系統傳至大腦而感受食物的味道。舌頭表面存在許多不同的感覺細胞，一般而言，舌尖對甜味最敏感，舌頭兩側對酸性較為敏感，而舌根則對苦味較敏感，至於鹹味則分布在整個舌頭。除了人體所能感受到的酸、甜、苦、鹹等基本味覺外，更可利用調味創造出許多複雜且混合的風味。以下針對幾種基本味覺的調味說明如下：

(一)甜味

甜味的組成物質主要為醣類物質，可分為單醣及雙醣，例如葡萄糖、果糖、蔗糖等均具有甜味。烹調上較常使用的醣類為砂糖、冰糖、果糖、黑糖及麥芽糖等。一般砂糖常用於飲料咖啡或紅茶的調味；冰糖常用於紅燒、甜品；黑糖具有呈色作用；麥芽糖適用於烤鴨等製作酥脆的外表。不過糖尿病患並不適合攝取過多的甜品。此外，現在也有以人工合成的甜味劑作爲甜味的增加劑，人工甜味劑多以化學合成，例如糖精，它可供糖尿病人使用，但糖精略有苦味，尤其後味較苦，較易影響食品自然風味。

(二)鹹味

一般在烹調中最常見的就是鹹味，鹹味也是一般菜餚中先要求的味道。鹹味主要來源以食鹽爲主，而烹調中最常使用的爲白色粉末、已精製過並去除雜質的精鹽。

(三)酸味

酸味爲味蕾感受到無機酸、有機酸而產生的感覺。常見的引發酸味的食物爲醋、醋酸、檸檬酸。此類物質常使用於調味品，以增加菜餚特有風味。酸並具有去腥解膩的效果。

(四)苦味

由於人們對苦味的接受度較低，一般極少使用苦味作爲調味的物質。以一般自然植物中茶葉中的茶鹼、咖啡中的咖啡鹼最具特色。

(五)辣味

辣味以辣椒、胡椒、花椒爲代表，辣味具有刺激食慾並促進消化的作用。

(六)鮮味

鮮味為日本人所提出，主要為味素的使用，其主要呈味物質為核甘酸、胺基酸。然而食用過多味精，某些人易產生口渴，甚至不舒服現象，此稱為「中國餐館症候群」，因此鮮味劑的使用現已較受限制。

一般對調味品的使用必須注意「用得好與用得巧」。若能正確使用調味，則可增加食材的獨特性與其價值。調味是透過原料與調味品的適當配合，在烹製過程中產生物理與化學變化，以除去惡味並增加美味的一種操作技術。調味過程中需注意原始原料物質的特點，並選擇合適的調味品，使菜餚的味道得以形成和確定。

三、調味的方法

調味依其目的不同，可在以下三種時機添加，分別為：

(一)加熱前的調味

又稱為基本調味，主要目的在使用調味料來去除食品本身的不良氣味，以利後續烹調過程，例如可以使用少許酒以去除魚的腥味。適用於烹調時不宜調味或不能很入味的烹調方式，如炸、煎等，但是此階段要避免使用過多的調味料，因為必須注意之後是否需再添加調味料。

(二)加熱過程中的調味

此為在菜餚烹煮過程中進行調味以確定菜餚的口味。由於此過程的菜餚進行較複雜的物理化學變化，因此調味後菜餚較易入味，多數烹調均在此時定味，常見的烹調法為爆、炒、燒、扒、燜、燴、煮等。然而，調味料加入的時機也相當重要，例如糖與醬品宜早點加入；蔥、薑、蒜、醋等料多是為了去除異味，也應早點加入，但若為了提香，由於此物質均有揮發性，因此應該後期加入；鹽則對蛋白質具變性功能，因此不宜太早加入，以免影響烹煮的時間。

(三)加熱後的調味

又稱輔助加熱。食物烹調完後，加入調味料主要在使味道更顯突出，例如涼拌後加入香油，可增加菜餚風味及顏色光澤。

四、原味烹調

健康飲食的抬頭，講求「天然、健康、原味」的飲食概念已成爲許多消費者需求的產品，相對地，廚師也在健康食品方面多有鑽研，以獲得好的食品。原味烹調即是減少加工品、減少調味料、符合自然健康爲原則。使用原味烹調不僅可使人們吃得健康，更可對廚房環境有保護作用。以下列舉原味烹調的方法與特點：

1.無水烹調：向食物借水，可以保有食物原有的維生素及礦物質，避免營養素流失，食物以原味、原色呈現，不需過度烹煮，也可達到減少能源的目的。

2.無油烹調：利用乾爆可逼出肉類脂肪，使用肉類原有油脂烹調，可減少油脂攝取，並可防止廚房油煙。

3.天然調味：利用天然調味劑調味，例如使用蔥、薑、蒜、五香、肉桂、胡椒等調味品，減少人工合成的味精。

調味的原則需依其原料特性與季節、食用者口味與菜餚種類進行操作。至於調味料的放置，應符合下列要求，以維持良好品質要求：(1)調味料放置環境應適當（溫度不宜過高、過低、太濕或太乾，避免日照）；(2)採用先進先出的原則，先購買的調味料應優先使用，開封後不宜久放；(3)不同性質的調味料應區隔管理。

第三節 烹調技巧

「火候」是烹調菜餚中的一項關鍵，適當的火候，可使菜餚顏色亮麗，質地得宜，型態美觀，影響菜餚品質甚鉅。烹調過程主要是經由熱能的傳遞，烹調中的傳遞介質有水、油、水蒸氣、空氣、金屬等，烹調中利用這些介質，將熱傳遞至食物中而進行烹調。水是烹調過程中最主要的傳熱物質，水本身無色無味，在烹調過程中不會生成有害的物質，因此常使用水作為媒介物。食用油脂在烹調上不僅是傳熱的媒介物質，也能增加菜餚的光澤，油脂的導熱性高，經加熱後能迅速將熱能傳遞到烹調器具各處，使菜餚烹調完成。此外，水蒸氣也常使用作為傳熱的介質，由於水蒸氣所含熱能大，因此菜餚的烹調時間較短，且較不易破壞完整性，因此除了菜餚的製作外，也適合麵食的製作；另外，水蒸氣也適用於高壓鍋的使用，壓力愈高所產生的飽和溫度愈高，產生的熱能也就愈高。除此之外，還有以熱空氣作為傳遞介質，常見的烹調法為烘及烤等，利用加熱使封閉的箱內充滿高溫，再利用空氣對流達到加熱效果。電磁波利用紅外線或微波使食品分子達到摩擦效果產生能量；其他像金屬介質、鹽、砂等也經由傳導達到加熱效果，常使用於野外烹調。

火候的掌握是菜餚成功的關鍵，一般火力的辨識可分為：(1)旺火，或稱猛火或大火：火焰高而大，熱氣穩定，適用於爆、炒、炸、烹、蒸、扒，烹煮口感脆、嫩、酥；(2)文火，又稱中火：火焰低、色紅、熱氣強且穩定，適用於煎、煮、燒，口感鮮嫩柔口；(3)微火，又稱小火：火焰小，色青綠，光度暗，熱氣不足，適用於煨、燜、烘等，口感濃醇。而在食品衛生方面，不同食品所需烹調的溫度與時間並不相同，依其產品特性有最基本的烹調條件。例如，蔬菜加熱至中心溫度60℃以上；具有潛在危險的食物應加熱至63℃度，十五秒以上；塡充肉類餡料應加熱至74℃，十五秒以上；碎豬肉、牛肉應加熱至68℃，十五秒以上；豬肉由於有寄生蟲的疑慮，因此烹調應全熟。幾種常見的烹調方法如下：

1.蒸：能保持食物原味的方法，蒸的過程中避免將蓋子打開。材料加入鹽、胡椒或藥方的蒸法稱清蒸，加入酒稱酒蒸。蒸魚或蒸肉應等水沸騰後以強火蒸，蒸蛋應使用文火。

2.炒：炒可分爲不加調味料並以強火炒爲生炒；加調味料爲清炒；先將食材燙過或蒸過稱爲熟炒；一般中國菜常使用大火快炒。

3.炸：油溫爲炸中最需注意的，一般以大火炸，且油鍋的油量需充足。將材料稍做調味即炸爲清炸；調味後沾粉爲乾炸；粉加入蛋及水再與食材混合爲軟炸；先混入油於麵糊中再炸爲酥炸。

4.溜：溜需注意燒汁的濃度，一般菜盤上燒汁的濃度以吃完後能殘留一些爲佳。醋溜以砂糖與醋製作成燒汁；茄汁以番茄醬爲調味汁。

5.煎：務必於油熱後才可將食材放入。

第四節　裝盤

美的東西人人愛，同樣地，餐盤中的美感影響消費者對產品的感受，雖然其爲心理因素所造成，卻影響甚鉅。一個優秀的廚師，除了能烹調出適合的菜餚，更不可忽視裝盤之美。一般菜餚本身不應有過多的形體與顏色，裝盤的擺設與色澤及形象有關，色彩是指眼睛所感受到顏色所引起不同的心理反應，烹調的配色即強調以不同的配色來增加此菜餚的價值。一般紅色常給人豐富、火辣與溫暖的感覺；綠色給予清新及新鮮；近年來黑色食品給予人健康的感覺。此外，廚師也要求刀工的訓練，一盤菜色講求形狀的一致性。

菜餚在盤中的表現方法，有堆、疊、拼、雕等技巧。刀刻在擺盤中扮演重要角色，擺盤時可放於邊緣，著重於邊緣連續性的裝飾，具有聚焦的視覺效果，常用食材爲青江菜、大黃瓜、柳橙等切片。常見的裝盤可分爲：

1.立體雕飾：強調焦點裝飾效果，常用胡蘿蔔、白蘿蔔等。
2.切隔式：將容器切割或分隔成兩部分，以分別放兩種不同的食物。
3.整體飾：使用材料當容器放入菜餚，例如鳳梨、冬瓜等。
4.點綴式：使用少量擺飾或切絲呈現對比效果，例如紅辣椒、香菜。
5.底飾：將材料鋪於盤底，例如常用青菜爲底，肉置於上方。

第五節　食物烹調時的注意事項

1.水果食用前的清洗最重要，即使是橘子或香蕉也應清洗後再剝皮。以水果爲例，如欲烹調，時間要短；去果皮或切開後，應立即食用；水果打汁，維生素C容易氧化破壞，應儘快飲用。
2.蔬菜烹調前洗去塵土、沙及蟲等，不易清洗之蔬菜應將葉片拆開，用清水沖洗。烹調前才洗切，先洗後切以免營養流失。油熱或水滾後才下鍋，用大火炒煮之，時間要短，水儘量少放，以保持其鮮綠。烹調時若加入蘇打，雖可保持鮮綠，但容易破壞維生素。衡量食用人數，每次烹調一餐之量，不要一熱再熱，營養又遭破壞。冷凍蔬菜可按包裝上的說明烹調之，不用時保存於冰箱，已解凍者不可再凍。貴的菜不一定就營養成分高，可視菜價及家人口味加以選購。食物加工、烹調和貯存過程中，受到加熱、光照、酸鹼性變化的影響，與氧氣、水分子、金屬離子等反應，會破壞維生素的結構，使之失去功能。**表6-1**爲維生素安定性比較表。
3.淘米、洗米次數不要過多，且勿用力搓揉，以維持維生素含量。多選擇糙米，不要買太精白的食品，除了營養分減少外，可能被摻入外來有害物質。多種穀類和花生，保存不當時，易發霉產生黃麴毒素，故需注意外觀。馬鈴薯發芽或感染黴菌時，就會含有毒素，切勿食用。調理好的穀類食品，最好趁熱食用。

表6-1　維生素安定性比較

安定	不安定	極不安定
菸鹼酸 維生素K 維生素B_{12} 維生素D	維生素B_6 維生素A β-胡蘿蔔素 維生素E	維生素C 維生素B_1 葉酸

4.油勿燒得太熱（冒煙）。大量煎炸食品時，以豬油或香酥油較宜，沙拉油較不適宜。用過的油，不要倒入新油中；炸過的油以炒菜爲宜，儘快用完，勿反覆使用；顏色變黑、質地黏稠、混濁不清而有氣泡者，不可再用。

5.烹煮每種食物都需煮到適當的溫度，應配合食物種類或食用目的來訂定烹調條件。

6.食品衛生專家一致認爲，食品必須用足夠的時間和足夠的溫度才能將引發食品中毒的微生物殺死，以下爲幾種烹調完整的監測方法之參考原則：

(1)烹煮大量食物或整隻雞、鴨，或整塊肉類時，若有需要可以用乾淨的探針式溫度計測量食品內部的溫度，以確保肉類或家禽類已確實煮熟。

(2)烹調烤肉及牛排時，內部溫度至少需達65℃；整隻家禽則要煮到85℃。

(3)烹調絞肉時，因細菌可能在加工過程中傳布，所以內部溫度至少需達74℃。美國疾病管制局資料顯示，食用未經完全煮熟的粉紅色牛絞肉，會有較高的罹病風險。若無法確定，請不要食用內部仍然呈粉紅色的絞肉製品。

(4)烹煮蛋類時，蛋黃和蛋白都需呈凝固狀態，請勿生吃雞蛋或半生不熟的蛋類製品。

(5)魚類要煮到肉質呈不透明狀，且可以很容易將魚骨剔除。

(6)使用微波爐烹調食物時，需確定食品中沒有溫度不足的部位。

爲達最佳效果，可將食物加蓋，並攪動、旋轉食品，以達烹調均勻。若微波爐爲非旋轉式，則需在烹煮過程中將食物取出轉動一、兩次。

(7)再加熱的醬汁、湯料和肉汁一定要煮到沸騰。剩菜需熱透，溫度至少需達75℃。

7.冷凍食品烹調的基本原理和方法，與普通食品相似，但是依烹調方式的不同，其解凍的程度也有不同，分述如下：

(1)需完全解凍烹調：一般以煎、炒、炸等方式烹調的食物，都需完全解凍始可下鍋。否則，如炒冷凍蔬菜，若蔬菜尚未完全解凍便開始炒，很可能造成「外焦內生」的情況。

(2)半解凍即可烹調：如冷凍水果，只要半解凍即可食用，且別具風味；若將其完全解凍，則顏色很快就變暗，質地也會變軟。

(3)不需解凍即可烹調：若是要燉、煮的食物便不需解凍，即可開始烹調。如燉肉或煮湯，只需用小火，加長燉煮的時間便可，不需解凍。另外值得注意的一點，像一些冷凍水餃、冷凍湯圓等調理食品，從冷凍庫取出後要立即烹調，不可待其解凍再煮，因爲這些食品解凍後會黏在一起，破壞外觀，入鍋時也容易破損。

參考文獻

一、中文

劭建華等（2005）。《中式烹調》。台中：生活家出版事業有限公司。

李錦楓、林志芳、楊萃渚（2018）。《食物製備學：理論與實務》。新北：揚智文化。

林万登譯（2002）。《餐飲營養學》。台北：桂魯。

徐阿里等（2018）。《食物製備原理與應用》。台中：華格那。

黃韶顏、曾群雄、倪維亞（2015）。《食物製備原理》。台北：五南。

賴顧賢（2013）。《西餐烹調理論與實務》。新北：揚智文化。

二、網站

中餐烹調技能檢定，http://mEihsiu.com/union3/download/%A4%A4%C0%5C%A4%FE%AF%C5%B3N%AC%EC.pdf

飲食衛生與安全

學習目的

- 認識微生物、化學物質的污染及物理性的危害
- 認識食物中毒
- 認識HACCP
- 瞭解外食衛生的重要性

 第一節　微生物的基本概念

良好的飲食衛生才能有良好的食物，一般食物會受到危害常可分爲微生物的危害、化學性的危害及物理性的危害。其中以微生物的危害最常見，主要的微生物可分爲細菌、病毒與眞菌，各類說明如下：

一、細菌

單細胞生物，主要存在人體、動植物、空氣及水中，能增殖、生長、吸收養分，惡劣環境中變成孢子繼續存活；其可區別爲：(1)腐敗菌：造成食物腐敗但不一定對人體產生危害；(2)病原菌：因菌體增殖導致人體不適，引起食物中毒；(3)有益菌：可被人體利用，具正面效果。細菌的生長快速，以二分法對數方式增加；細菌的生長受食物、酸度、溫度、時間、氧含量及濕度所影響，又以溫度與時間的影響最大，一般引發食物中毒的細菌在5℃～60℃之間均可生長良好，故此區段的溫度又稱爲危險溫度。一般細菌型的食物中毒可分爲感染型、中毒型及二者混合型，常見的細菌型食物中毒菌爲腸炎弧菌、沙門氏桿菌、葡萄球菌及大腸桿菌等。

二、病毒

細菌的大小單位爲微米（μm），而病毒的大小單位爲奈米（nm），多數病毒的直徑在10～300奈米，本身無法獨立，需附著於活體才能增殖，且病毒不耐熱，但以低濃度存活。食物所扮演的角色爲傳播媒介，生鮮及輕微加熱食物被認爲是傳播媒介，一般常見感染的疾病爲A型肝炎及輪狀病毒腸胃炎等。

三、眞菌

常見爲黴菌及酵母菌，以寄生、共生方式與動植物生活。黴菌由菌絲所組成，菌絲形成菌絲體，覆蓋於食物上，肉眼能看到某些具孢子，能耐乾旱環境，孢子數目多且重量輕，易隨風飄至各地，孢子再萌發成菌絲。黴菌常產生在烘焙產品上，造成白色、綠色及黑色的斑點，有些會產生不良的氣味；此外，潮濕環境易使食物生黴，因此常利用此作爲衛生指標。黴菌產生的二次代謝產物，例如黃麴毒素常出現在玉米、花生上，造成人類化學性危害，引起肝癌，這是黴菌對人體的危害。酵母菌爲單細胞的眞菌，需藉由顯微鏡才能看到，不產生菌絲，有氧環境下生長較佳，無氧環境行發酵作用，能抵抗惡劣環境；酵母菌在高糖及高鹽中均可生長，常因發酵產生酒精及二氧化碳，影響產品風味甚至造成食品腐壞。一般抑制眞菌生長的方法爲：清除黴菌來源，預防已產生的毒素，避免庫存過多，例如稻米、小麥，並將會產生黴菌的產品冷藏貯存，注意保持乾燥通風。

第二節　化學物質的污染

化學物質的污染可分爲天然存在與人工合成的危害。所謂天然存在的危害，即是食品本身存有食物過敏原，一般加工無法去除，會對人體造成危害。

一、免疫性

與身體免疫系統有關。蛋白質過敏一般會引起皮膚起疹、口舌紅腫、呼吸困難。

二、非免疫性

常存在於海產類的產品中，類過敏食物及鯖魚毒素中毒爲對特殊成分無法適應或魚肉解凍污染，產生組織胺過量所致。此外，常見的河豚毒素主要存在於河豚的卵、卵巢及肝臟，其產生神經毒，導致人體呼吸停止，在日本，需合格廚師才可販售此產品。預防熱帶性海魚毒，魚類需自有信用的廠商處購入。貝類毒素是由於貝類吸入產毒之渦鞭毛藻，人食入後中毒，1985年台灣即發生西施舌中毒事件。植物性毒素方面，應避免來路不明的植物，例如毒蕈類；新鮮生豆含抑制分解蛋白質酵素之物質，因此豆漿宜先煮沸後再食用；發芽的馬鈴薯因含生物鹼對人體有害，要避免食用。

三、人工化學物質

人工合成的化學毒物，若攝食量不多，可能造成慢性中毒；攝入過多，則會產生急性中毒現象。常見的人工化學物質包括：

(一)食品添加物

人工合成需經政府單位檢驗，食物中使用添加物需標明，例如過氧化氫漂白魚翅、干貝，硫化物漂白金針均爲不合法。因此避免誤食過多添加物的方法爲：遵照規範使用、嬰兒食品內不可使用添加物、避免購買來路不明的添加物、專人管理添加物。

(二)清潔消毒劑、殺蟲劑

主要污染來源爲未沖乾淨而殘留，或誤食殺蟲劑。預防方法爲：清潔劑濃度使用需正確，消毒劑需上鎖管理，並放置安全處，另外分裝需標示清楚，避免以食物容器盛裝。

(三)農藥

主要為使用濃度過高或提前採收，因此應多選用當季蔬菜。外觀漂亮的蔬菜不一定可靠，多元化採購，更換廠牌則可減少風險。蔬菜應使用大量清水清洗，多選有吉園圃標誌的產品。

(四)藥物

常見用在水產品及禽類上磺胺劑及抗生素殘留。

(五)重金屬

主要為工業污染，造成河川水源污染，導因自石材重金屬脫落，或將酸性食物裝於金屬容器，例如鎘米事件。鋁易造成老年癡呆症，預防方法為環保署應對廢水排放予以把關，對污染土地強制休耕；應注意食品包材之品質，盛裝酸性食品需使用耐酸容器。

第三節　物理性的危害

一般最常見的物理性危害為「異物掉入」，異物種類包含頭髮、指甲、戒指、玻璃等，預防方法為實行教育訓練，注意包裝完整性，小心異物掉入，廚房照明要有燈罩，人員戴口罩、頭罩、不可戴飾物，並使用金屬探測器檢測產品。

第四節　食物中毒

一、食物中毒的定義

美國疾病管制局（CDC）定義，因食用相同的食品導致二人或二人以上產生相同症狀，並由可疑檢體或環境檢體分離出相同類型的致病原因，則稱爲一件食物中毒；但因攝食肉毒桿菌或急性化學性食物中毒，即使一人亦稱爲一件食物中毒。食物中毒大致分類爲細菌性、天然毒素及化學毒素。在潛伏期方面，感染型爲一至二天，毒素型爲數分鐘至數小時，化學性及類過敏則依食入量多少而定。

二、食物中毒的預防

(一)新鮮

所有農、畜、水產品等食品原料及調味料添加物，儘量保持其鮮度。

(二)清潔

食物應澈底清洗，調理及貯存場所、器具、容器均應保持清潔，工作人員衛生習慣良好。

(三)避免交叉污染

生、熟食要分開處理，廚房應備兩套刀具和砧板，分開處理生、熟食。

(四)加熱和冷藏

保持熱食恆熱、冷食恆冷原則，超過70℃以上細菌易被殺滅，7℃以下可抑制細菌生長，-18℃以下不能繁殖，所以食物調理及保存應特別注意溫度的控制。

(五)養成良好衛生習慣

1. 養成良好的個人衛生習慣，調理食物前澈底洗淨雙手。
2. 手部有化膿傷口，應完全包紮好才可調理食物（傷口勿直接接觸食品）。

(六)避免疏忽

餐食調理，應確實遵守衛生安全原則，按部就班謹慎工作，切忌因忙亂造成遺憾。

三、食物中毒處理程序

(一)調查程序

1. 報知衛生機關。
2. 派員瞭解並蒐集檢體。
3. 前往餐廳或製造商訪視調查。
4. 製作紀錄，加以追蹤。

預防食物中毒，食品餐飲業者應強化平時內部管理，多與衛生機關與醫院聯繫，與消費者保持良好關係，事情發生處理得宜，事後矯正及員工再教育，持續關心病患。

(二)預防食物中毒的原則

1.清潔：東西處理應保持清潔。

2.迅速：食物製備完成後應迅速食用，勿隔餐隔頓。

3.加熱或冷藏：食物需經加熱後才可食用，未食用完的食品應放入冷藏庫以保持新鮮。

4.避免疏忽：需隨時注意可能發生食物中毒的危害因子，多一分準備就可減少一分災害。

第五節 HACCP介紹

一、HACCP

危害分析重要管制點（Hazard Analysis Critical Control Point, HACCP）是源自於1960年，美國太空總署爲了確保太空人執行太空任務時食品的安全所發展出來的品管系統，主要是嚴格監控製造過程的每一個環節，以確實做到食品品質的保障。HACCP的精神在於嚴密管理食品安全衛生，防止危害的產生，其具體做法在於工作前先瞭解整個食品製作過程中可能產生問題或危害的關鍵點，予以事先預防，以避免意外的發生。HACCP除了強調每個食品製程的監控，也就是材料源頭，甚至之後到消費者的傳遞過程，其有別於一般最終檢驗的品管。

二、HACCP監控七大原則

餐飲業HACCP建構於良好的衛生規範，施行七大檢測原則予以監控、管制及矯正。七大原則分別如下：

1.危害的評估：針對每一項產品製造過程，將可能產生危害的地方加以評估，一般可區分爲生物性、物理性及化學性的危害。
2.評估重要管制點：找出每一項產品製作流程中，有可能遭受危害的關鍵處。
3.建立管制程序與標準：爲了使每一個環節有管控的根據，需有明確的標準指示，例如確認肉品中心溫度需達74℃，十五秒。
4.監控重要管制點：要嚴格監控重要管制點作業是否符合標準，並確保所有監控人員均瞭解監控的管制點與標準。
5.採取矯正措施：若發現監控點無法達到標準時，需針對此項產品採取必要的預防措施，例如溫度不足，繼續加熱；若未能及時矯正的產品，就必須丟棄。
6.建立紀錄制度：紀錄需完整且清楚明瞭，使員工能正確使用並記錄。
7.確認CCP點：管理者需隨時注意表單上紀錄的完整性。

國內HACCP制度自1998年開始，政府已先行推行於食品工廠或盒餐業者，衛生福利部在《食品安全管制系統準則》中，已分別公告水產品食品業、肉品加工食品業、餐盒食品工廠及乳品加工食品業分階段強制實施HACCP，而國際觀光旅館之餐飲業也在2015年後正式實施HACCP，此爲預防重於治療的概念，因爲餐飲業者的確實執行才可以讓消費者得到較高的保障。**表7-1**爲傳統衛生管理與HACCP制度之比較，唯有遵行預防重於治療的觀念，方爲飲食衛生所追尋的目標。

表7-1　傳統衛生管理與HACCP制度之比較

傳統衛生管理	HACCP制度
最終產品檢驗	全部製程管制
需花費龐大人力費用於產品檢驗	可節省人力、成本，有效利用資源
結果出來已被食用	對於微生物污染造成之中毒較能掌握與防止
產品回收、商譽受損	確保產品安全
無法明確找出污染原因	事前之預防管制制度可以有效減少安全之三大危害發生
為事後補救措施很難防止，重複之製程疏失而造成同樣之食品危害	因其食品安全信賴保證之事實，可作為國際食品相互認證之共同管理基準

第六節　外食衛生

一、安全守則

在工商業爲主的社會中，「外食」已經成爲許多人主要的飲食方式。台灣地區屬高溫多濕的亞熱帶區，尤以入夏後氣溫常達30℃以上，故各種微生物極易繁殖，食品也容易腐敗變質，若不特別注意飲食衛生，極易發生食物中毒。但是，食物中毒一不小心就會發生，要怎樣吃才安心呢？其實只要確實遵守以下原則，外食用餐就能愉快又安心：避免冷食、生食，不吃來路不明的食物，避免路邊攤飲食，謹慎選擇衛生優良的餐廳用餐。

二、餐廳的選擇

外出時對於進食場所的要求愈嚴格，愈可獲得更多的飲食保障。外食選擇餐廳除了價錢之外，相關的衛生要求更不容忽視，以下爲外食時可考慮的因素：

1.工作人員（包含內場與外場）穿戴整潔的工作服及帽子，並無於工作場所抽菸、嚼檳榔等不良習慣。
2.四周環境清潔乾淨，無牲畜徘徊及蚊蠅飛舞。
3.餐具潔淨無裂縫，碗盤沒有食物斑點及油漬，杯子沒有殘留口紅印，並供應衛生筷及紙餐巾，團體用餐供應公筷母匙。
4.進食場所光線明亮、空氣流通。
5.廚房通往供餐場所的通路，不可有油膩不潔的現象。
6.洗手間水源充足，並備洗手清潔劑、烘手器或乾手用紙巾。
7.廚房乾淨整潔，無不良氣味。
8.選擇溫度足夠的熱食，以及有蒸氣保溫設備的自助餐熱食。
9.地板要清潔，通往廚房的通道沒有斑點及油漬沾在上面。
10.所提供的生菜沙拉或水果，應新鮮無異味。

三、喜慶辦桌時所需考量的安全衛生

1.烹調處需有遮蔽措施，不可在樹下及順風處。
2.烹調場所應避免於污水聚集處。
3.業者需有固定水源，千萬不可接公廁用水，以避免水源污染。
4.業者需有洗滌設施（例如三槽式洗滌設施）。
5.業者需有預炸、冷凍冷藏設施及低溫配送車。
6.請業者不要供應生冷及不加熱即可食用的食物。

7.請業者以「先冷後熱」方式上菜。

8.請業者使用較辣、較酸或乾粉等的沾料，以避開食物中毒的危險。

四、路邊攤的安全衛生

1.有良好的遮蔽設備，以避免病媒及灰塵污染。

2.有充足的水源供從業人員洗手及洗滌餐具。

3.有良好的冷藏設施確保生鮮食物不易腐敗。

4.有定期更換油炸用油。

5.適量使用免洗餐具，不可造成環保問題。

五、學生午餐的安全衛生

1.供應學校膳食的業者需聘請75%以上有技術證照人員。

2.學校應聘請營養師設計菜單，以維持學生營養均衡，並監督製作衛生。

3.應有足夠之空間及設施設備，製備學生餐點。

4.餐具以可清洗消毒之不鏽鋼爲主，並充分洗淨以供使用。

5.選擇優良廠商（例如HACCP認證）。

六、餐盒的安全衛生

1.包裝餐盒請標示有效日期、廠商名稱及地址、隔餐請勿食用等字樣。

2.購買時需注意廠商是否有營利事業登記或工廠登記證。

3.選擇有優良證明（如HACCP認證）之業者更有保障。

4.使用之紙盒必須爲合乎衛生要求者。

5.所供應的食物必須營養均衡。

6.所供應的食物含水量不可過多，以免容易變壞，調味料也不可過多。

7.業者不可超量生產及提前生產，剩下的食物不可隔天再供應。

參考文獻

一、中文

文長安（2016）。《餐飲安全衛生》。新北：華立。

汪復進（2018）。《餐飲衛生與品質保證》。新北：新文京。

翁順祥等（2018）。《簡明餐飲衛生與安全》。台中：華格那。

陳德昇等（2019）。《新編餐飲衛生與安全》。台中：華格那。

二、網站

1.食品安全衛生管理法，https://law.moj.gov.tw/LawClass/LawAll.aspx?pcode=l0040001

2.食品安全衛生管理法施行細則，https://law.moj.gov.tw/LawClass/LawAll.aspx?pcode=l0040003

3.良好食品衛生規範，https://meals.ga.ntu.edu.tw/home/law_files/foodhygieneExample.htm

4.衛生福利部食品藥物管理署，https://www.fda.gov.tw/TC/site.aspx?sid=86

菜單設計與應用

學習目的

- 認識菜單的功能
- 瞭解設計菜單應注意事項
- 學習如何點菜

一般人對菜單的概念，指的是在餐廳所見到的菜單，屬於商業型菜單。但舉凡學校的營養午餐菜單、醫院病人菜單，甚至國家元首接見外賓安排的國宴菜單，都是屬於菜單的分類項目。本章將自菜單的基本定義開始，逐項介紹各種商業型或是非商業型菜單，甚至現在特別爲了外送市場所推出的電子菜單，也是本章將介紹的內容，希望讀者能從不同角度，可能是設計者、也可能是使用者的角度來認識菜單。

第一節　菜單的基本認識

一、菜單的定義

菜單的英文是menu，其源自於法文，指的是「備忘錄」。菜單是餐廳產品的明細表，餐廳所提供的食品菜餚、飲料明細都需透過菜單的展現，讓顧客能夠清楚知道餐廳所販售的內容。菜單的整體設計內容也代表餐廳的形象，因此對於商業類型的餐廳來說，菜單是餐廳的行銷工具之一，透過菜單的資訊傳遞，能夠讓消費者明確獲得餐廳的資訊內容。

但也有提供餐食的場所是以非營利爲目的，如醫院安排的病患之飲食菜單、學校的營養午餐菜單、部分公司行號提供的員工餐，或是在國際場合常見到以外交爲目的的國宴等。就一般家庭來說，家庭負責烹調之人亦可爲自己的家庭設計菜單，學習如何搭配設計菜餚，此也屬於非商業性的菜單，指的是家庭本身的菜色之設計。

二、菜單的設計

一般商業型餐廳爲了提供顧客產品的內容，降低客人的知覺風險，多會在餐廳內提供客人菜單以供點菜。而菜單需提供哪些資訊，以便讓客人對產品有清楚的認識？以下是菜單應具備的要件：

(一)餐廳名

菜單代表餐廳的形象，因此菜單應標明餐廳的全名，一方面有其代表性，另一方面可加強顧客對餐廳的印象，可將餐廳的相關資訊以口耳相傳（mouth to mouth）的行銷方式爲餐廳作些許的廣告。

(二)菜名

「菜名」即產品的名稱，是菜單組成因素中最重要的部分，菜單可以不提供營養、照片等資訊，但最基本的菜名卻一定要在菜單上標示出來。通常菜單的菜餚名稱，多以白話常用的菜餚名稱標示，而不以冗長或形容詞來代替，以便讓客人可以清楚知道菜餚的組成內容，否則會造成客人在點餐上的困擾。但若是遇到特殊場合，如結婚喜宴上爲求吉利，則會以「花好月圓」等類似吉祥話代替原本的菜名「湯圓」，雖然菜名無法辨識其材料內容，但對喜宴來說，卻十分應景而討喜。

(三)價格

接續在菜名的後方，通常會直接標註此菜餚的「價格」，讓客人清楚知道荷包是否足夠支付點餐的費用。但有些季節性食材常因季節的不同而有不一樣的價格，因此餐廳會以「時價」來作標示。但過去曾經發生餐廳沒有標示明確的價格，而產生許多的交易糾紛案件，而內容多是因餐廳最後結帳時收取高額的餐費，讓客人覺得受騙。因此爲降低客人的購買風險，讓交易能夠透明化，餐廳在設計菜單時，應將價格誠實標示，以獲得客人的信賴。

(四)語言別

一般菜單所使用的語言多以母語爲主。但如果是觀光旅館的餐廳，或是國外觀光客特別想要體驗的台灣小吃或是米其林餐廳，則需考慮國外客人的需求，至少加註國際通用語言——英文，以方便外國客人在用餐場所能夠順利完成點餐的程序，如**圖8-1**。另外，因台灣的國外觀光客以日本人爲最多，有一些日本觀光客特別青睞的餐廳，在菜單的設計上也會考量到日本客人的需求，會在菜單上標示日語，此更能突顯語言在菜單設計上的考量與重要性。

(五)照片或圖片

由於菜餚的內容千變萬化，品項可以多到不勝枚舉，因此爲了讓客人清楚知道這道菜餚的「廬山眞面目」，有些菜單會貼出菜餚的照片，讓客人能夠更確切認識這道菜的內容，這如同餐廳的櫥窗擺設一樣，客人能夠對餐廳的產品一目瞭然。一般這些貼有照片菜餚的點餐率通常會有明顯的提升，如**圖8-2**所示。

圖8-1　使用多語言之菜單，可減少需要翻譯之服務

圖8-2　有照片的菜單總是較為吸睛

(六)美工設計

菜單可以說是餐廳的形象代表，因此菜單設計的造型便會影響客人對這家餐廳的觀感，尤其菜單也可說是一項藝術作品，因此對菜單多一分用心，等於對餐廳的經營與行銷上多一分價值。曾經有餐廳也將許多名人的簽名複製在菜單上，這也可代表餐廳受歡迎的程度。所以一份好的菜單，除了菜名與價格的標示需清楚外，美工的設計也會爲餐廳宣傳有所加分。

(七)主廚推薦菜

有許多菜單在封面內頁會設計成「主廚推薦菜」（chef' s special）的頁面，由於這一頁的位置最醒目，加上近年來廚師的地位獲得肯定，因此客人多會參考「主廚推薦菜」的資訊來進行點餐的動作。另外，對餐廳而言，這些受推薦的菜餚之食材準備也可以較準確的估算，由於可能消耗的材料量較大，因此在採購上相對成本也會降低。所以若是較有規模的餐廳，都可藉由此設計理念來加強餐廳的行銷。

第二節　菜單的功能

在第一節的定義中，曾經提到「菜單」是餐廳的行銷工具之一，透過菜單的資訊傳遞，能夠讓消費者明確獲得餐廳的資訊內容。因此菜單對餐廳而言，有其存在的必要，除了行銷外，尚有相當重要的功能，以下將分別說明：

一、作為促銷的工具

前文提到，菜單代表了客人對餐廳的印象，而菜單的設計方式更會影響客人的點餐率，因此菜單是餐廳在應用上一項很有利的促銷工具。服務人員在正式服務前也必須對每天的菜單瞭若指掌，才能夠透過菜餚的解說向客人推薦相關的菜色，增加點菜率，進而提高餐廳營收。

二、成本的管控工具

由於菜單所列的銷售明細會影響到餐廳採購食材時的品質與內容，因此菜單的產品品項均應經由餐廳經營主管、採購部門主管和主廚充分溝通，以規劃出最適當的產品內容。

三、與客人的溝通橋梁

菜單是由服務人員傳遞給客人的餐廳資訊，因此服務人員可以藉由菜單的內容與客人作適當的溝通與解說，因此菜單可說是主客之間的橋梁，所有的交易過程均需透過它才能夠順利完成。

四、分析銷售狀況的工具

由於菜單上的每項單品點餐率不見得相同，若餐廳能夠有電腦資訊系統協助分析，透過客人點餐的資料可以分析產品的受歡迎程度，便可依據這些統計數字的分析，適時淘汰不受歡迎的菜單，並將菜單的內容進行適度修正，以符合更多消費者的需求，爲餐廳創造更大利潤。

五、工作人員的服務準則

菜單可以是內場廚師在製作菜餚上的一個基本規範，而對外場來說，雖然服務人員在上班前均會召開小組會議檢討工作狀況，但菜單內容卻可以成爲服務人員的一個行動準則，透過這些產品資訊，能夠讓服務人員有效反映出該有的服務內容，包括中西餐的服務差異、服務過程中應留意的事項等。

六、購置硬體設備的指引

由於菜單內容即是決定餐廳所要銷售的產品，當然要製造並服務這些成品的展現，就需購置必備的一些硬體設備，包括內場的廚房設備，以及外場服務的餐桌、餐具的使用。所以菜單可說是餐廳在經營上及購置硬體設備時的一項指引。

七、是藝術創作的成果

菜單在顏色、材質、整體設計理念上都可與藝術作品畫上等號，因爲它也是經過巧思所精心設計出來的一件成品，甚至有些人以蒐集菜單作爲一項收藏，所以菜單可說是藝術創作出來的成果。

第三節　菜單的種類

商業型餐廳有三個組成要素，包括：(1)以追求利潤爲目的；(2)能夠提供客人用餐的地方；(3)並有「人」來提供服務。

雖然一般餐廳又可分爲商業餐廳與非商業餐廳，前者如麥當勞等速食店、牛排館等均屬之；而非商業型餐廳則如醫院膳食服務、企業員工餐廳等。但由於社會轉型快速，有許多供餐地方與方式逐漸改變，因此我們將以菜單爲主軸，分述不同種類的菜單形式。

一、商業型菜單

(一)單點菜單（à la carte menu）

一般餐廳所提供的菜單多以單點菜單爲主。客人可以根據自己的需求，點選自己喜歡的菜色，不需勉強配合餐廳的強制性搭配，唯此就餐廳而言，因單點的菜色通常品項較多，供應餐食前需準備更多的食材來應付客人的需要，成本通常較高。

(二)套餐菜單（table d'hôte menu）

工商業的發達，顧客要求的是供餐速度的迅速，因此菜單的設計必須符合相關的要求。而由餐廳直接搭配好餐點的內容，讓顧客不需要再思考單點的問題，這種菜單的設計方式可稱爲「套餐菜單」，如**圖8-3**所示。此外，如麥當勞所提供的「麥香魚餐」、「兒童餐」、「麥香雞餐」等亦屬於套餐菜單。

圖8-3 專門販賣套餐的日本定食屋門口的菜單

1990年代開始出現有餐廳推出餐廳精華菜色的套餐，稱爲「品嘗菜單」（tasting menu），指的是提供客人套餐的菜餚道數可以多到六至十道菜，但每一道菜的份量減少，讓客人有機會一次吃到餐廳主廚全部的拿手菜。不過台灣似乎嘗試的餐廳還相當稀少；而已推行多年的「無菜單料理」，其實也是一種套餐的規劃，主廚透過當天購買的食材，決定當天的菜單，此方式可以提供消費者最新鮮的食材，但主廚在規劃菜單上多了許多挑戰。

(三)宴會菜單（banquet menu）

有許多宴會場合，餐廳均需提供相關的宴會菜單以供客人選擇，如婚宴菜單，可能需考慮用詞的吉利；壽宴菜單可能要搭配特別的餐點，如壽麵與壽桃；而公司尾牙、學校謝師宴等都可依據其需求設計具特色的菜單。

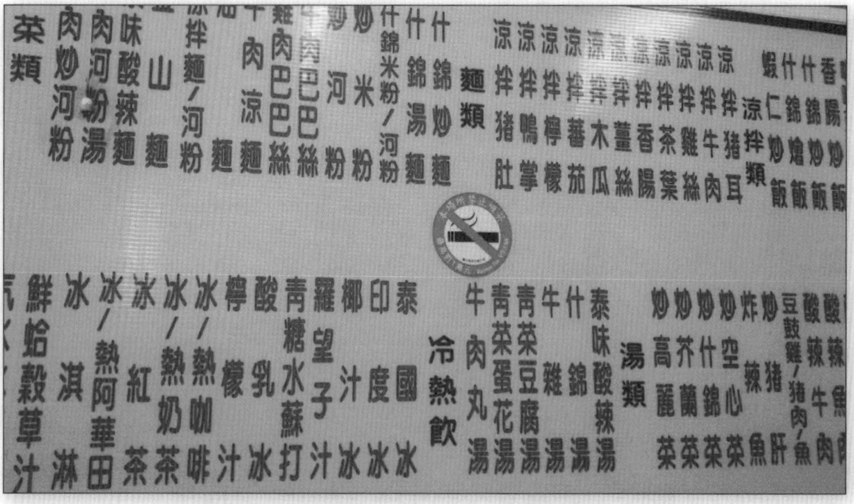

圖8-4　欠缺價格的菜單，容易讓客人卻步

圖8-5　餐廳當晚特價菜色

(四)數位菜單（digital menu）

菜單數位化指的是將原有的傳統印刷形式呈現的菜單，利用科技技術以數位形式與顧客進行互動的一種新型態餐廳菜單。由於數位菜單是採用數位形式來顯示菜單內容，可以根據不同季節、行銷方式進行修正，而不需重新印製紙本式菜單或更換傳統的壓克力材質的菜單看板。

1. 平板點餐：目前已有實體餐廳利用平板電腦作爲點餐工具，可以讓顧客自行操作，再透過線上出單，也能將平板跟POS系統結合，提供完善的點餐及營運管理的功能。但由於硬體成本高，加上設備需要充電與平日的維護，以旋轉壽司餐廳使用較多。
2. 自助點餐系統：指的是顧客可以透過在餐廳內的點餐機台從事點餐操作。設置自助點餐機的好處是可以幫助消化點餐人潮，但是因爲點餐硬體設備體積龐大，較占空間，目前僅在麥當勞、摩斯漢堡等速食店看到。

(五)外送菜單（delivery (take-away) menu）

廿一世紀是網路的世紀，除了餐廳自行建立網站、將菜單的訊息公布在官網上，而這個單向的資訊傳遞，卻逐漸透過網路平台的重新規劃，讓消費者能夠在官網或是移動裝置（如手機或是平板電腦）的應用軟體（APP）直接訂餐、付費，逕而在約定的時間前往取餐，提供外帶或是外送服務。

而外送平台市場的出現，更是改變餐飲市場的生態。被稱爲千禧世代（Millennials）的1980和1990年代出生的人，是美食外送市場的主要消費人口。由於這個世代的年輕人剛好遇上新科技的成熟應用，促使餐飲外送APP席捲全世界。目前全球外送產業的經濟規模在2019年已經超過1,000億美元（約3兆台幣），知名的美食外送品牌如：Uber Eats、deliveroo、foodpanda等。全球外送餐飲產業共有9.7億名用戶，預計未來

圖8-6　台灣現在許多餐廳都與外送平台合作

五年的年成長率將達10%，也為餐飲產業型態帶來衝擊與改變。

二、非商業型菜單

(一)醫院菜單

台灣近年來特別重視餐食的營養成分分析，希望民眾能夠在用餐之時，學習瞭解其食用菜餚的營養與熱量。尤其是醫院均會設置營養的處室，透過這些單位的營養師，讓每位不同生理狀況的患者在醫院能夠吃到符合身體所需的健康餐食。如陳前總統的女兒陳幸妤小姐在台大醫院生產，各大媒體均爭相報導其在醫院所食用的「產婦如意套餐」，這些坐月

表8-1 台大醫院「產婦如意套餐」之內容

餐別	菜單內容
早餐（輪配）	‧三明治 ‧豆漿 ‧海鮮粥 ‧泌乳茶（增加乳汁之用）
午餐（三菜一湯）	‧杜仲黑豆排骨（改善腰痠，強健筋骨） ‧鱸魚湯（含蛋白質可以幫助恢復體力） ‧紅鳳菜（可以補血） ‧當歸枸杞蝦（可以活血） ‧咖哩燴飯（可以促進血液循環）
晚餐（三菜一湯）	‧咖哩燴飯（可以促進血液循環） ‧清蒸石斑（含蛋白質可以幫助恢復體力） ‧香菇燴熊掌（指的是海參，富含膠質） ‧豬腳燉花生（分泌乳汁之用） ‧紅豆湯（可以補血）

註：午、晚餐均附水果。

子餐當然也同樣提供給一般產婦，一天花費350元。其套餐內容見**表8-1**。

(二)學校菜單

教育部於2013年年公布最新版的「學校午餐食物內容與營養基準」，自小學至高中學生的每日營養攝取建議量，規定每日針對六大類食物的飲食份量，及設計菜單時應注意的事項，提出目標值和階段值，讓設計菜單有所依循（如**表8-2**至**表8-5**）。

◆學校午餐食物內容（國小）

表8-2　理想性

<table>
<tr><th>食物種類</th><th>國小1～3年級</th><th>國小4～6年級</th></tr>
<tr><td rowspan="2">主食類
（米麵食及其他五穀根莖類）</td><td>每日3 1/2份</td><td>每日4 1/2份</td></tr>
<tr><td colspan="2">（主食類替代品，每週不得超過3份）</td></tr>
<tr><td rowspan="2">米、麵食</td><td>每日至少2 1/2份</td><td>每日至少3 1/2份</td></tr>
<tr><td colspan="2">（米食每日必須超過供應份數1/2）</td></tr>
<tr><td>其他五穀根莖類
（不包括米、麵食）</td><td>每日最多1份</td><td>每日最多1份</td></tr>
<tr><td>奶類</td><td>每週2份</td><td>每週2份</td></tr>
<tr><td rowspan="2">蛋豆魚肉類</td><td>每日2份</td><td>每日2份</td></tr>
<tr><td colspan="2">（魚肉替代品每日不能超過1/2份）</td></tr>
<tr><td>蔬菜類</td><td>每日1份
（深色蔬菜每日必須超過2/3份）</td><td>每日1 1/2份
（深色蔬菜每日必須超過1份</td></tr>
<tr><td>水果</td><td>每日1份</td><td>每日1份</td></tr>
<tr><td>油脂類</td><td>每日2 1/2份</td><td>每日3份</td></tr>
</table>

表8-3　階段性

<table>
<tr><th>食物種類</th><th>國小1～3年級</th><th>國小4～6年級</th></tr>
<tr><td>奶類</td><td>每週1份</td><td>每週1份</td></tr>
<tr><td rowspan="2">蛋豆魚肉類</td><td>每週2份</td><td>每週2份</td></tr>
<tr><td colspan="2">（魚肉類代替品每日不能超過1/2份）</td></tr>
</table>

*階段性之其他食物種類與理想的食物內容相同。

◆學校午餐食物內容（中學）

表8-4 理想性

食物種類	國中	高中（男）	高中（女）
主食類 （米麵食及其他五穀根莖類）	每日6份	每日6 1/2份	每日4 1/2份
	（主食類代替品，每週不得超過3份）		
米、麵食	每日至少5份	每日至少5 1/2份	每日至少3 1/2份
	（米食每日必須超過供應份數1/2份）		
其他五穀根莖類 （不包括米、麵食）	每日最多1份	每日最多1份	每日最多1份
奶類	每週2份	每週2份	每週2份
蛋豆魚肉類	每日2份	每日2 1/2份	每日2份
	（魚肉類代替品每日不能超過1/2份		
蔬菜類	每日2份	每日2份	每日2份
	（深色蔬菜每日必須超過1份）		
水果	每日1份	每日1份	每日1份
油脂類	每日3份	每日3 1/2份	每日3份

表8-5 階段性

食物種類	國中	高中（男）	高中（女）
奶類	每週1份	每週1份	每週1份
蛋豆魚肉類	每日2 1/2份	每日2 1/2份	每日2份
	（魚肉類代替品每日不能超過1/2份）		

＊階段性之其他食物種類與理想的食物內容相同。

國教署於2017年也設置「推動學校午餐專案辦公室」，以「安全、營養、健康」爲目標辦理學校營養午餐。

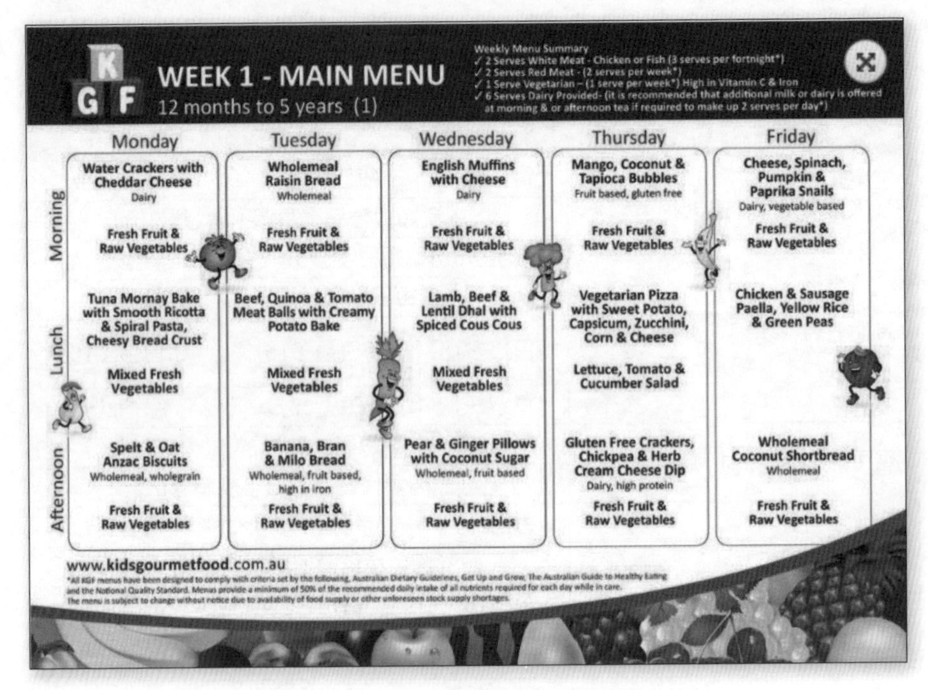

KGF WEEK 1 - MAIN MENU
12 months to 5 years (1)

Weekly Menu Summary
✓ 2 Serves White Meat - Chicken or Fish (3 serves per fortnight*)
✓ 2 Serves Red Meat - (2 serves per week*)
✓ 1 Serve Vegetarian – (1 serve per week*) High in Vitamin C & Iron
✓ 6 Serves Dairy Provided- (it is recommended that additional milk or dairy is offered at morning & or afternoon tea if required to make up 2 serves per day*)

	Monday	Tuesday	Wednesday	Thursday	Friday
Morning	Water Crackers with Cheddar Cheese Dairy Fresh Fruit & Raw Vegetables	Wholemeal Raisin Bread Wholemeal Fresh Fruit & Raw Vegetables	English Muffins with Cheese Dairy Fresh Fruit & Raw Vegetables	Mango, Coconut & Tapioca Bubbles Fruit based, gluten free Fresh Fruit & Raw Vegetables	Cheese, Spinach, Pumpkin & Paprika Snails Dairy, vegetable based Fresh Fruit & Raw Vegetables
Lunch	Tuna Mornay Bake with Smooth Ricotta & Spiral Pasta, Cheesy Bread Crust Mixed Fresh Vegetables	Beef, Quinoa & Tomato Meat Balls with Creamy Potato Bake Mixed Fresh Vegetables	Lamb, Beef & Lentil Dhal with Spiced Cous Cous Mixed Fresh Vegetables	Vegetarian Pizza with Sweet Potato, Capsicum, Zucchini, Corn & Cheese Lettuce, Tomato & Cucumber Salad	Chicken & Sausage Paella, Yellow Rice & Green Peas
Afternoon	Spelt & Oat Anzac Biscuits Wholemeal, wholegrain Fresh Fruit & Raw Vegetables	Banana, Bran & Milo Bread Wholemeal, fruit based, high in iron Fresh Fruit & Raw Vegetables	Pear & Ginger Pillows with Coconut Sugar Wholemeal, fruit based Fresh Fruit & Raw Vegetables	Gluten Free Crackers, Chickpea & Herb Cream Cheese Dip Dairy, high protein Fresh Fruit & Raw Vegetables	Wholemeal Coconut Shortbread Wholemeal Fresh Fruit & Raw Vegetables

www.kidsgourmetfood.com.au

*All KGF menus have been designed to comply with criteria set by the following, Australian Dietary Guidelines, Get Up and Grow, The Australian Guide to Healthy Eating and the National Quality Standard. Menus provide a minimum of 50% of the recommended daily intake of all nutrients required for each day while in care. The menu is subject to change without notice due to availability of food supply or other unforeseen stock supply shortages.

圖8-7　國外的幼稚園也提供兒童菜單

(三)家庭菜單

家庭在設計菜單時只要掌握幾項要領，便可以設計出美味有營養的家常菜，而適時地變換菜色仍是有必要的。

◆營養熱量的需求

家庭成員的年齡、性別各異，因此每個人對營養素的需要也不同，食物的供應因此需隨之而異。菜單的設計應依每個人的需要量來計算之。

◆家庭成員的飲食習慣

在設計菜單時，要考慮每個人的飲食習慣，但是為了均衡營養的攝取，不能一味地依賴習慣。影響飲食習慣的因素包括心理因素、家庭的傳統與知識，及市場食物的供應情況，所以要改善家中各成員的飲食習慣時，必須以上述三點作爲考量。

◆家庭經濟狀況

家庭的收入與家庭用款的分配都會影響到食物購買的內容。但營養的食物價格不一定成正比，應視本身的經濟能力搭配營養的成分，設計出經濟實惠的餐點。

◆烹調設備

以台灣而言，一般家庭式的廚房設備多以瓦斯爐、微波爐及烤箱三種爲主，因此在設計菜單時需留意家裡是否擁有製備特殊菜餚的能力，所設計之菜單應該在廚房裡就可以很方便烹煮，如此可節省烹飪時間、體力與金錢。

◆食物美味

食物的搭配相當重要，應注意色澤、質地、形狀、口味、溫度、烹調方法，藉以促進家庭成員的食慾。而氣候亦影響人類的食慾與身體需要，天氣寒冷的冬季，人們喜愛熱能多的食物；炎熱的夏季則應供應清淡少熱能的食物。適合時令的食物，新鮮營養又豐富，價格亦比較便宜，宜多採用。（資料來源：教育部學習加油站）

第四節　點菜的要領

一般人到了餐廳都要進入點菜這一個程序，除非你選擇的是自助餐（buffet），而餐廳也多會爲不清楚該如何點菜的客人設計套餐，讓客人能夠輕鬆完成點菜。但每個人仍然有機會遇到正規的點菜流程，要如何點菜讓自己享受一餐豐富的餐點又不失禮儀，就必須學習點菜技巧了。以下將介紹常見的中餐、西餐以及日本料理的點菜技巧。

一、中餐

中餐雖然是我們幾乎每天都會面對的食物，但仍有人不擅長點菜，結果菜上桌才發現不是同材料的食物過多，就是口味相近的菜餚太多。因此，以下的點菜要領可以避免上述不適當之情形發生。

1.菜餚間的接續問題。

2.考慮席上客人喜好。

3.食材選擇的平衡。

4.口味的變化設計。

5.飲料的搭配問題。

6.對中餐菜系的瞭解。

二、西餐

西餐的點菜技巧對國人而言，確實較為困難，尤其當菜單只秀出英文字的時候，恐怕會有許多人當場傻眼。因此，要瞭解西餐的點菜技巧，除了要知道西餐餐點內容有哪些外，對一些常用的英文關鍵字最好有所認識，如此便能夠輕易克服點菜上的難度。如果是享用正統法國菜，則建議可涉獵一些餐飲上常使用的法文，如**表8-6**之內容。

1.前菜（appetizer）：前菜主要指的是主菜之前所享用的餐點，除了一般的麵包、沙拉之外，應該選點一份前菜，通常是冷盤，如蝦、燻鮭魚等，之後才開始喝湯。

2.主菜（main dish）：主菜是餐點的重頭戲，一般是肉類或海鮮類，如牛排、海鮮大餐等。

表8-6　西餐上菜順序及中英法文對照表

中文	英語	法語
麵包	Bread	Pain
沙拉	Salad	Salade
餐前菜	Appetizer	Hors-oeuvre
湯	Soup	Potage
魚	Fish	Poisson
肉	Meat	Viande
甜點	Dessert	Dessert
水果	Fruit	Fruit
咖啡	Coffee	Caf ‘ee

資料來源：村上一雄（1997）。《餐桌禮儀》。台北：佳言文化。

3.甜點（dessert）：在主菜使用完畢後，會提供甜點與飲料，也可以搭配甜點酒，這時已是餐點的尾聲。

4.點選酒類（wine）：一般正統的餐廳會有一份酒單供客人選擇，原則上餐前酒以香檳或是氣泡酒爲主，若主菜爲牛羊肉等之紅肉，則點選紅酒（red wine）；若是海鮮類或雞肉等白肉爲主菜，則點選白酒（white wine），是選擇酒類最爲簡單、也是最基礎的常識。

三、日本料理

日本料理與其他國家的食物的相異之處，主要在於其副菜的種類較多，因此在各項菜餚的點菜應注意以下內容：

1.前菜：生魚、蝦、貝類，可請廚師搭配，也可以要求一些屬於季節性的新鮮食材。

2.副菜：可多點幾樣，如醃漬蘿蔔等。

3.主菜：每個人應限點一種主菜，飯則是最後才上桌。

4.酒類：選點酒類來搭配日本料理，建議以日本人最愛喝的啤酒、清酒或燒酎最為合宜。

圖8-8　日本料理的餐點涵蓋小菜、主食、前菜、湯品等

參考文獻

一、中文

村上一雄（1997）。《餐桌禮儀》。台北：佳言文化。

張玉欣、楊惠曼（2021）。《菜單規劃與設計——訂價策略與說菜技巧》。新北：揚智文化。

二、網站

教育部學習加油站，http://contEnt.Edu.tw/junior/homEmaking/tn_kh/food/food3-3-1.htm

教育部學校午餐食物內容及營養基準，http://www2.jdps.tyc.Edu.tw/~lunch/pagE3-5.htm，於2020年10月13日瀏覽。

餐桌禮儀

學習目的

- 認識中西餐的基本用餐禮儀
- 認識台灣流行異國美食用餐禮儀

台灣的餐廳琳琅滿目，除了中菜餐廳、小吃店外，還有各式各樣的異國餐廳供食客們選擇。但這麼多類型的餐廳，卻因各國風俗習慣的不同，因而產生不同的用餐禮儀。本章將介紹各國飲食的餐桌禮儀，希望讀者在研讀本章之後，能夠在未來採用正確的方式享受道地的異國美食。

第一節　中餐禮儀

一、正確的座位

中餐一般用餐是以圓桌，取「團圓」之意來用餐，象徵大圓滿，與西餐的方桌有所不同，也有共食的意涵。但每次宴客有多張桌子，哪一張才是主桌？哪一個位子才是主位？卻常讓人摸不著頭緒。以下將以圖示的方法，讓讀者能夠輕鬆獲得要領。

(一)正確的桌次

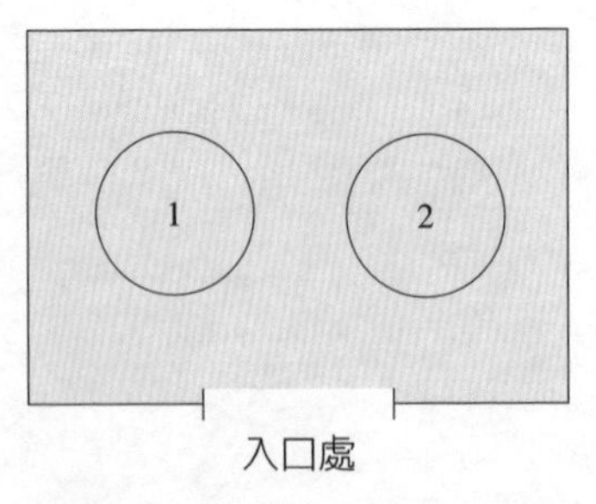

圖9-1　兩桌並排，以1為主桌

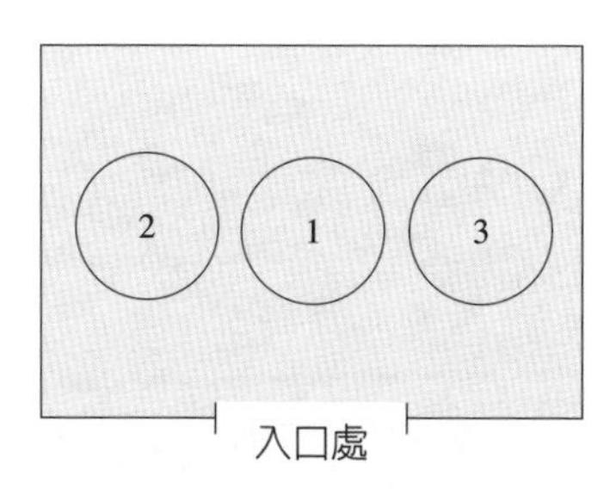

圖9-2 三桌並排，以中間桌為主桌

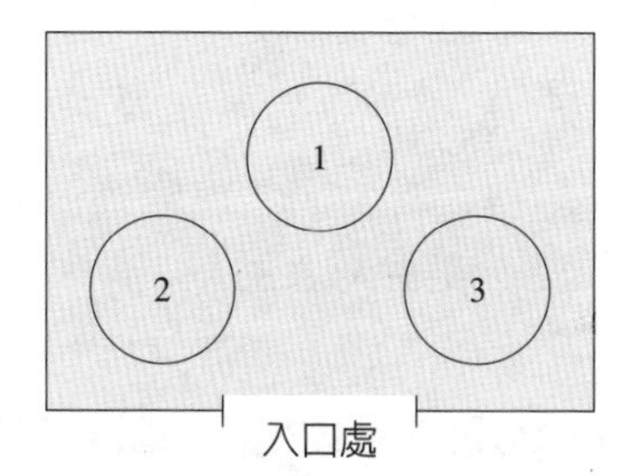

圖9-3 三桌呈三角形排列，仍以中間桌為主桌

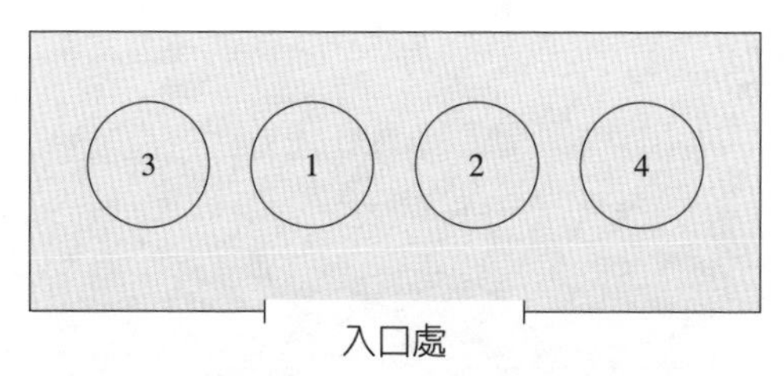

圖9-4 四桌並排，以圖中的1桌為主桌

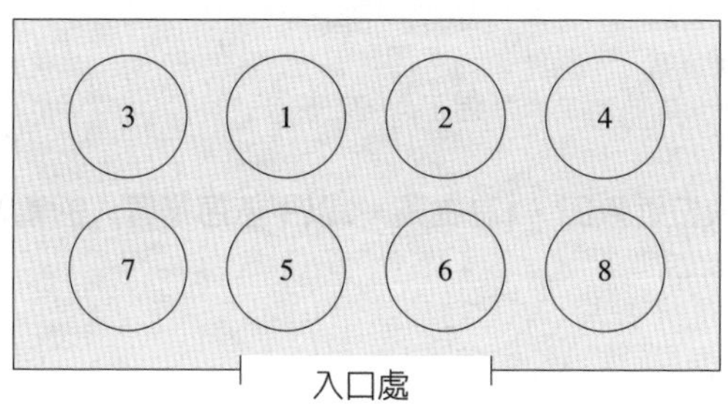

圖9-5 八張圓桌，以圖中的1桌為主桌

(二)正確的位置

◆主賓成對的情形

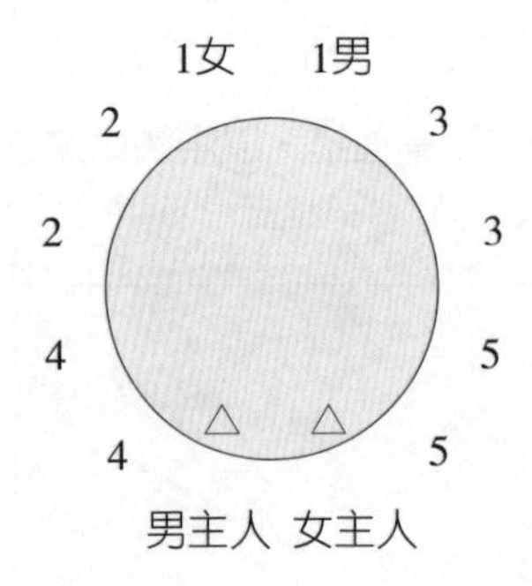

圖9-6　男女主人位近入口，1分別為男女主賓，2以下依序是客人的重要程度分別排列

◆主賓未成對的情形

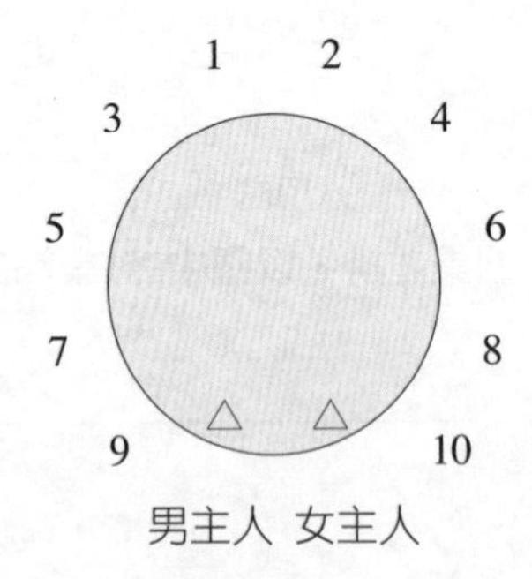

圖9-7　男女主人位近入口，1為主賓，2以下依序是客人的重要程度分別排列

◆主人為單身的情形

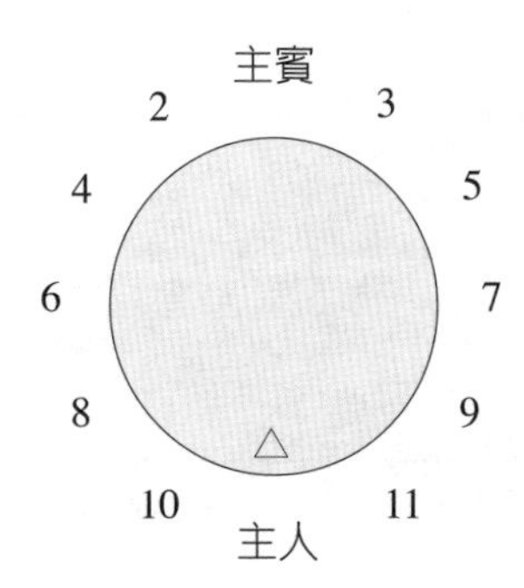

圖9-8 主人位近入口，對面為主賓，2以下依序是客人的重要程度分別排列

◆若席開二桌，主人成對的情形

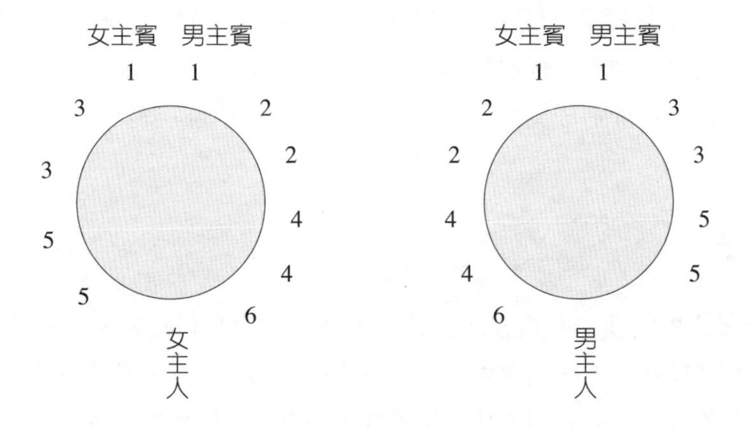

圖9-9 男女主人對面分別對坐女男賓客，賓客成對不拆，第六對需拆成兩桌

◆若為西式方桌，主人與賓客的座位情形

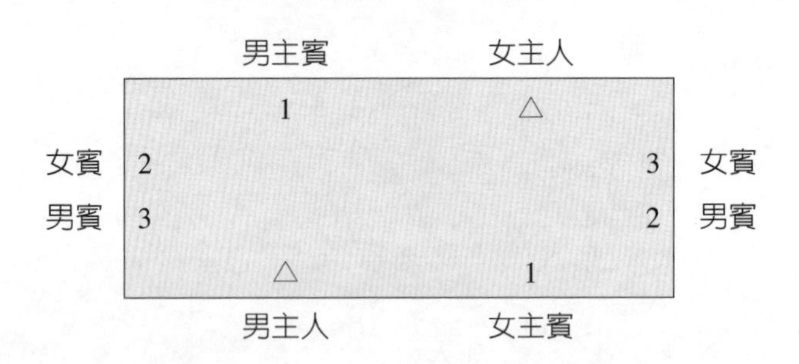

圖9-10　男女主人與男女賓客分別成對入座

二、正確的餐具

中餐的基本餐具爲筷子、湯匙、骨盤、湯碗、茶杯及酒杯等，**圖9-11**爲中餐餐具擺設情形。雖然餐具是日常生活時會使用的物品，但仍然有人常常不正確使用而造成笑話，因此以下將就幾個重要的餐具逐一介紹其使用方式。

(一)筷子

中餐使用的筷子多爲柱形長筷，但在台灣也常以日本筷來進食。一般材質則以塑膠、木、竹等爲主，但古代也有象牙、玉等高級材質以象徵身分地位的筷子。中餐用的筷子是縱放在餐桌上，即與用餐者呈九十度；現則流行置於筷架上。在台灣，一般在使用筷子時，有許多禁忌，包括：

1.筷子不可正插在飯碗中間，這與喪俗「拜腳尾飯」時白飯中間插一雙筷子的情形一樣，代表家中有人過世，需要祭拜之意。

2.忌吃飯時以筷子敲碗，意思是指如乞丐行討。

3.不可用嘴舔著筷子。

圖9-11 中餐餐具擺設

4.不可一筷扒飯。此爲反常現象，與喪葬「出棺」時，棺上置五碗白飯，中間插有一筷的情形相同。

(二)湯匙

湯匙的材質是以陶瓷製品爲主，在中餐的功能上是喝湯之用，也可配合筷子挾菜。一般是右手持筷，左手拿匙。若餐廳無提供湯匙架，則需將湯匙置於骨盤上，以免直接就口的湯匙放在桌上遭到污染。

(三)骨盤

「骨盤」顧名思義指的是置放菜渣骨頭的盤子，因此當吃到海鮮如魚、蝦、蟹、貝類或帶骨的肉類食物，便要將殘渣置於骨盤上，待服務生換盤以清潔桌面，而非將其置於桌巾上，易造成桌面上的不潔與髒亂，影響用餐興致。

三、正確的取菜與進食

(一)取菜

1.先後順序：菜餚上桌後，在正式場合中，必須由主賓先行挾菜，其他客人才可以動筷取菜。現在爲配合「公筷母匙」政策，大部分餐廳都會提供公筷供客人使用，因此不要以自己的筷子挾菜，以免失禮。

2.轉盤使用：若餐廳有提供轉盤，那麼有喜歡的菜餚應轉至自己面前再夾菜，不可站起來伸長手臂取菜，非常失禮；轉盤則依「順時鐘」方向轉動，否則各轉自己喜愛的方向，容易與人相衝突。

3.取用份量：即使是自己喜歡的菜餚，也不可一次夾取過多的量，需待同桌的客人都取用過後，再取第二次。取菜也僅取靠近自己這一邊的菜，不可在盤子內翻攪尋找自己喜愛的部分。

(二)進食

1.家庭用餐：多以飯碗盛飯並配菜，此時應該一手將碗拿起，一手以筷挾菜後搭配進食，即「以碗就口」；不可以將碗放在桌上，以嘴靠近碗就食，這容易將桌面吃得一團亂。

2.餐廳用餐：若是至餐廳用餐，尤其是宴席活動，並沒有提供飯碗，則骨盤主要是用來取菜並置放菜渣，這時盤子不可拿起來，而是自骨盤上夾一口大小的菜餚，並需小心不滴下任何湯汁地送進口中。若是碰到海鮮等需以手剝殼的食物，當用手剝完之後，食物須置於盤中後，再以筷子夾起並送入口中，不可以直接以手送食物進入口中。

3.喝湯：依據中餐的規定，喝湯需要以湯匙舀湯並送入口中，不可直接以碗就口；且喝湯不可出聲，必須儘量在不發出聲音的狀況下喝完湯，以示禮貌。

第二節　西餐禮儀

一、餐具的擺設

歐美國家使用刀、叉、湯匙，主要是源自十七世紀時法國宮廷料理的器具，此與所食用的食物與料理方式有很大的關聯性，十八世紀起已普遍使用刀、叉進食，湯品則以湯匙進食，食用麵包時，則是以手來進食，**圖9-12**爲西餐餐具擺設情形。

圖9-12　西餐餐具的擺設

(一)刀與叉的使用

由於一頓正式的西餐所使用的刀、叉可能各有數隻，因此有許多人初次接觸西餐時，總是一頭霧水，不知如何下手。事實上，在座位前的中央有一只服務盤（service dish），盤的右方皆置刀子，左方則是叉子，服務人員會視客人的點菜內容決定刀與叉的數量，只要按照每盤菜的出菜順序，將刀、叉由外向內依序取用，就不會有問題。若上來的菜餚已附有餐具，僅使用其餐具即可，有些前菜的餐具或置於服務盤的上方，十分容易辨識，如吃蝸牛的小叉子。

(二)口布的用法

「口布」俗稱「餐巾」，主要目的是爲了擦拭嘴巴，也可以防止菜餚不小心掉落在身上產生污垢。

何時該打開口布？在正式的西餐用餐場合，需要等到主人打開口布準備進食時，其他人才可以在這時打開自己的口布。如果是較小的口布，可以全部打開，較大型的口布則可以對摺後再鋪在大腿上，但這個動作亦同樣需待主人完成此動作之後，其他人才可以跟著進行。

在整個用餐過程中，餐巾都應置於大腿上，若有必要，可以用來擦拭嘴部。用餐中途如果要暫時離開，應該把餐巾留在椅子上，服務生看到就知道你還會再回來；但也有人認爲椅子是用來坐的，不應將擦拭嘴巴的口布放在椅子上，因此有人選擇放在桌上，但需垂下一角，好讓服務生辨識自己目前的狀態。若是將餐巾整齊地放在餐桌上自己餐盤的「右邊」時，則表示用餐結束。

(三)酒杯的使用

西餐的進食過程，常會使用不同種類的酒來搭配不同的菜餚內容，過程中也會適時換酒，所以在桌面上常常會看到一個人的位置就會擺上數只酒杯，因此如何使用正確的酒杯來喝酒確實是一大學問。

一般而言，酒杯會並排在餐具的右前方，從右至左分別是白酒杯、紅酒杯、香檳杯及開水杯。有時餐廳也會安排飯前酒，因此都會在白酒酒杯的右方擺上一只較小型的杯子，飲用雪莉酒。

(四)麵包盤與奶油刀

通常在食用主食之前，餐廳會供應麵包，因此在置放叉子的左側或左上方會置放一個盤子，即盛裝麵包之用。通常麵包是以手撕開一小塊麵包，然後以右手將奶油刀沾起一塊奶油並塗在用左手拿起的麵包上，奶油刀放下後，以右手將此塊麵包送入口中就食。重複一樣的動作，直到麵包吃完為止。

二、點菜

在第八章，已介紹過西餐的菜單上菜順序，因此在此處僅就點菜禮儀進行說明。一般點菜時，都是「客先主後，女先男後，長先幼後」為其基本原則。如果是客人，需要考慮到主人的感受，因此不應點選菜單上最貴的項目，也不可以點兩道以上的主菜；若主人推薦餐廳的拿手菜，則應尊重對方的意見，若能接受，就應點這個項目。

三、餐具的正確用法

前文曾提到刀叉的基本使用方法，但國內絕大多數的人可能知道刀叉的使用，卻常忽略了喝湯的禮儀與技巧。喝湯的時候，西餐同樣是以不發出聲響為主，但吃法卻需留意：湯匙由內往外；當湯快要品嚐完畢時，需將湯盤傾向前方（與自己相對的一方），以方便取用（如**圖9-13**）。但若要細分食物的切法與吃法，則可區分為「美式」和「歐式」，兩種方式

圖9-13　西餐喝湯的正確方式

都合乎西餐禮儀。

(一)用餐時

◆美式

用右手拿刀、左手拿叉，用叉子把食物固定在盤中，然後用刀子切成一口大小的塊狀。切了數塊之後，再把刀橫放在餐盤上方的邊緣，刀鋒向內。接著，左手拿的叉換用右手拿，即可開始用餐。

◆歐式

歐式的切法與美式一樣，右手拿刀、左手拿叉；不同的是吃法，切完主食後，叉子直接以左手叉下一塊主食並從事進食動作，刀子也仍然留在右手，吃完一口，便繼續切下一塊主食，重複同樣的動作，這樣的用餐方式可以避免主食因一次切太多而冷掉。

(二)用餐完畢

用餐完畢，不可以把餐盤從面前推開，應該讓它留在原位。一般人常把刀叉呈交叉狀放在餐盤裡，表示用餐完畢，這是錯誤的。其實，刀叉應該並排放置，左叉右刀，刀鋒向內，叉尖向上，呈十點鐘和四點鐘的方向放在餐盤裡，而且要確定放好，以免服務生在收餐盤時讓刀叉掉落地面。凡是用過的刀叉匙絕對不可以再放回餐桌上。如果已經喝完湯，用過的湯匙不可以留在湯杯裡，湯匙應該放在專用的湯碟上。沒用到的刀、叉、匙才可以留在餐桌上。

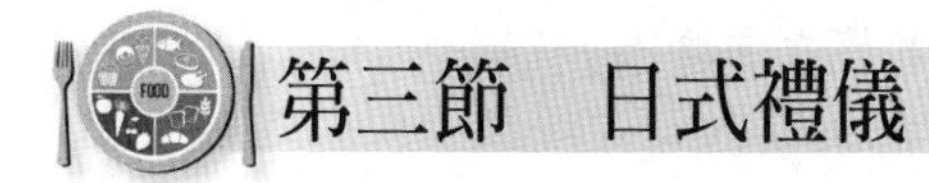

第三節　日式禮儀

日本人相當講究禮儀的規範，因此各式各樣的禮節不勝枚舉，在此列出吃日本料理時最常遇到的幾種案例作爲參考。

一、餐具的擺設

由於日本料理的食用是以個人獨立飲食爲主，因此一般桌上多僅提供一雙筷子，再由服務人員將個人點用的餐食送至每個人的面前。日式筷子的擺放與中式不同，是與人的方向平行，並置於筷架上。一般正式場合，必須等主客舉起筷子之後，才可以動筷。

另外，若送來的餐食是以托盤方式送出，則自托盤右方拿的餐碗，蓋碗上的蓋子需朝上置於托盤外右方；同理，應用在左方的餐碗上。食用完畢，則全部物歸原處，不可將蓋子內側朝上。

二、飲食的順序

日本料理的「會席料理」分爲兩種，一種是一道道上菜的「懷石流」，另一種則是一次全部都上的「本膳流」。若是後者的上菜方式，則需要瞭解用菜的順序，否則便會鬧笑話。以下將介紹日本料理上菜的菜式，才能眞正對複雜的日本料理有所釐清。

1.先付：指的是類似西餐的前菜，是第一道要食用的餐點，如納豆、豆腐等較清淡的冷菜。
2.前菜：指的是用三種或五種季節性菜色組合而成的菜餚，要由左向右依序進食。
3.湯品：前菜食用完畢之後，則可以飲用湯汁。
4.生魚片：生魚片是在湯之後、副菜之前食用完畢。
5.副菜：多指烤魚等之類的菜餚。
6.主菜：是本膳主要的壓軸，在最後才食用。
7.醋味：醋能夠幫助消化並爽口，多在主菜之後食用。

三、生魚片的食用

台灣人對日本料理的接受度高，因此在餐廳中相當習慣食用生魚片，甚至在一般的台菜海鮮餐廳或自助餐餐廳都可以點到這道菜餚。但由於是「生」的食材，因此在吃生魚片時要特別注意的事項有：

1.生魚片的沾醬是芥末，因此需先將芥末放到自己的醬油碟中，但也可以將芥末塗抹在生魚片上。
2.要食用生魚片時，必須將醬油碟子端起，將生魚片沾上沾醬後直接食用。
3.生魚片需一口吃下，不可將食用過的生魚片再放到醬油碟中。
4.一般生魚片提供的片數都是奇數，而且要先自左邊的淡白肉魚吃起，其次是右邊的蝦、貝類等，最後才吃中間脂肪多、味道較濃的紅肉魚片，有一定的規定。

四、拉麵的食用

日本人吃拉麵僅提供筷子一雙，並不含湯匙，因此飲食方式與一般

圖9-14　拉麵（不附湯匙）

中餐吃麵食的方式有異。日本人吃拉麵的習慣並不會把湯喝完，會搭配著小菜、白飯、雞蛋拌飯、煎餃一起吃，但拉麵的高湯多是花了數小時熬製而成，爲了要將這湯頭美味一同送入口中，所以就習慣用力地將麵連同湯汁一起吸上來，才能感受到湯汁和麵條的共鳴。所以吃的時候一定要發出「唏哩呼嚕」的聲音，而且要一口氣吸進去，所以也有人說吃日式拉麵時，發出的聲音愈大表示愈好吃。

五、品嚐日本酒

台灣人喝酒是屬於「阿莎力」式的，所以與日本的飲酒文化當然有所不同。一般日本人最常喝的是啤酒和清酒，而倒酒與喝酒也有不同的學問：

1.當有人要爲你倒酒時，必須以右手將自己的酒杯拿起，左手輕靠杯底，讓人順利倒酒。

2.倒完酒後，需先淺嚐一口表示禮貌後再置於桌上；不可直接將酒杯放下。

3.一般日本人不會幫自己倒酒，因此當有人幫你完成倒酒的程序，自己也應站起來幫對方倒酒，表達該有的禮節。

第四節　其他餐飲禮儀

一、泰國菜

台灣因為有相當多的泰國勞工至本島工作，加上泰國政府有計畫地推動泰國菜文化，因此泰國飲食在台灣和世界各國都相當流行，而酸辣的口感是我們對泰國菜的第一印象，但有人留意到至泰國餐廳用餐，餐具與台灣人的用法有些差距。大部分的泰國人進食是用湯匙、叉子吃飯，湯匙是以右手舀食物，叉子則用來推食物進湯匙，米飯則多盛在盤子上，而不用碗盛飯。

通常泰國人都用手吃糯米類的小菜，用手指拿捏成一團沾醬吃。筷子只有在中國家庭比較常見，不過泰國人也持筷子來挾麵或吃春捲之類的食物。通常在餐桌上使用的沾醬大多是「魚露」。所以在泰國餐廳用餐應該留意到這些小細節，不要堅持使用台灣的醬油或沙茶醬等，這是沒有禮貌的表現。泰國人吃飯不管是圍坐地上或坐在餐桌吃，並沒有太多的禮俗需要遵守，不過還是要注意，邊吃東西邊說話、舔手指頭都是不可以出現的舉動。

若是受邀到泰國人家中用餐，要注意應多稱讚主人所準備的菜餚，表示自己對這餐飯的認同。泰國人相當好客，所以請客所準備的菜餚份量一定足夠，不需擔心吃不飽，也可以隨意挾自己喜歡吃的菜餚，沒有太多的限制與規範。如果需要盛飯，也可以自己主動再盛一碗，這會讓主人覺得你很喜歡他所準備的餐點。由於泰國菜有些會有一定的辣度，因此可以事先表明自己對辣的接受程度，泰國人並不會強迫客人一定要嘗試。

二、韓國菜

韓國承襲中國傳統文化，因此有許多的餐飲禮儀與中餐禮儀相似。但由於韓國與日本一樣，也發展出部分屬於自己的飲食文化，如用鋁筷、鋁匙等。一般而言，用餐過程中，「湯匙」占有重要地位，與日本喝湯不用匙的習慣有相當大差異。

由於目前韓國料理在台灣也相當普遍與流行，因此在韓國料理餐廳用餐時，應先學習道地的韓國餐桌禮儀。首先，是與長輩一同用餐時，一定要等長輩先起筷，其他晚輩才能用餐，表示對長輩的尊敬與禮貌的展現。

其次是餐具的使用。一般來說，筷子與湯匙是韓國人用餐的基本餐具，但此二者不可同時併用；如果要用湯匙，就要先放下筷子，若要改用筷子，就要放下湯匙。與中餐不同的是，韓國人每個人都有飯碗與餐盤，若要挾菜，要以自己的筷子將菜餚挾到自己的餐盤上，再進行吃飯菜的動作；醬料也同樣需置於自己的盤內，而非共同使用醬汁沾醬。正式用餐開始，通常韓國人會習慣先用湯匙喝湯或泡菜湯，之後再吃別的食物。飯、泡菜湯、醬湯及湯類是以湯匙用餐，其他菜則用筷子挾。

三、印度菜

現今有愈來愈多的印度餐廳在台灣生根發展，但由於印度人吃飯的習慣與我們有相當大的差異，因此如何在印度餐廳入境隨俗，就十分重要。為了不失禮，我們應該要先瞭解印度的文化，才能夠進一步有正確的用餐禮儀，讓印度人知道我們也是尊重異國文化的好民族。

印度屬於「手食文化圈」的一環，所以印度菜的設計都是為「用手

圖9-15　吃印度菜

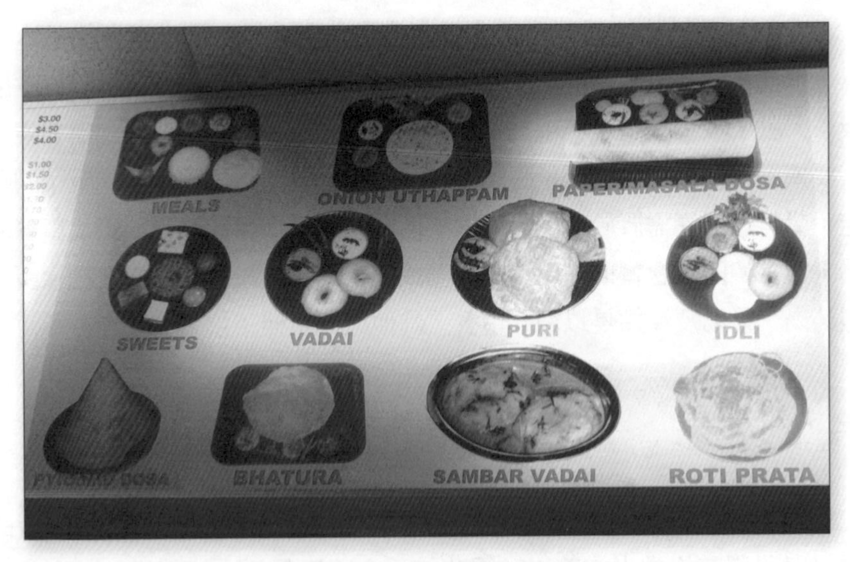

圖9-16　印度菜展示型菜單

吃」而做的菜餚，如用手將印度甩餅（roti canai）或麵包撕成片狀並包裹食物、把飯與餐盤上的調料混和後送入口中，這些都是標準的吃法。由於每種沾醬各有酸甜苦辣，這也代表印度人在用餐時也要品嚐這樣的人生「味道」，所以每一口都別具風味。

由於吃印度菜是用手來進食，所以一般的印度餐廳爲了配合這樣的飲食習慣，在餐桌旁都會設有洗手台，方便客人清潔雙手之後，再產生進食的動作。但印度餐廳也會爲外國客人準備湯匙與叉子，如果眞的沒有辦法用「手」來進食，還是需要向服務生說明原因，再改用叉、匙進食。

印度人喝奶茶的習慣是自英國殖民時植入的文化，加上印度自有的餅類小點，奶茶加上甩餅等這類食物便成爲他們點心時間中最重要的選擇。不過台灣的印度人常常入境隨俗，反而設計成台灣習慣食用的餅類製品，少了芭蕉葉此種道地的食材來包裹餅製品。有機會走訪有印度人的國家，如東南亞的馬來西亞、新加坡的印度區及印度本國，應該嘗試融入當地的生活，而學習如何正確吃印度菜是很重要的一環。不過，招牌上的文字還是要試著看懂，否則會成爲點菜的一大障礙。

一、中文

林明峪（1988）。《台灣民間禁忌》。台北：東門出版社。

陳弘美（2004）。《日本式、中式餐桌禮儀實用新知識：你的氣質就在餐桌上》。台北：麥田出版社。

廖城旭譯（1992）。白川信夫著。《餐桌禮儀》。台北：躍昇文化。

二、網路

華濤移民電子報，http://www.fastlane.com.tw/top/Page10091/dining/dining.html

節慶與飲食生活

學習目的

- 認識台灣傳統節慶飲食
- 瞭解台灣生命食俗
- 認識在台流行的異國節日飲食

台灣的食俗基本上源自漢人移墾時期（1662～1895年）。這些節慶飲食大多數按照傳統的習俗規範進行，但也隨著在地的特色與適應性，逐漸出現台灣在地的創新。但不論每個人的飲食習慣是否相同，本章主要目的是希望透過文字的介紹，能夠對自己土生土長的環境，尤其是傳統的食俗傳承，有正確的認識。以下各節主要包括年節飲食、生命食俗、宗教祭祀飲食等，另外，將介紹幾個在台灣已根深柢固的國外節慶食俗，認識異國的傳統飲食習俗。

第一節　年節食俗

自漢人移墾至台灣光復（1662～1945年）將近三百年的期間，台灣的人口比例以福建泉、漳二州的漢人移民最多。但1949年國民黨政府撤退到台灣，當時有大量的外省軍人退守台灣，成爲台灣的「外省」族群，並將他們省籍背景的文化帶到台灣，也包括節慶飲食文化。

這些來自中國大陸的移民人口前後將「本省」、「外省」的傳統食俗帶到台灣，也混合彼此的食俗成爲台灣的共同特色。本節主要將針對台灣三大傳統節日（農曆新年、端午節、中秋節）之飲食習俗進行說明。

一、農曆新年

(一)傳統年菜

農曆過年是台灣傳統節日中最重要的日子，尤其除夕夜的「圍爐」代表家族成員的大團圓時刻，對台灣人來說格外重要。每到除夕當天，各類交通工具總是客滿，訂不到位子，可見大家對除夕團圓的重視。以年夜飯來說，按照一般傳統習俗是有規定的，而要吃的菜色也不是隨便選擇，而是挑選有重要寓意的菜餚，以彰顯過年的意義。以下介紹代表過年特殊意義的菜餚：

1.火鍋：家人圍在一起吃火鍋，象徵團圓、圓滿。傳統上，要在火鍋四周要放銅板多枚，為壓桌錢，象徵錢財滿滿。但這樣的習俗已被人淡忘。
2.長年菜：也就是芥菜，代表長壽、長久。
3.白蘿蔔湯：菜頭（台語發音），象徵好彩頭。
4.全雞一份：表示食雞起家。
5.魚：表示年年有餘。
6.魚丸、肉圓：取團圓之意。
7.韭菜：表示長長久久。
8.油炸食物：因火象徵家運興旺。
9.年糕：如蘿蔔糕或是紅豆糕等，代表步步高升。
10.芡番薯粉：已經快要失傳的年菜，吃起來很黏手的芡番薯粉，代表將家人黏在一起，也代表將錢財黏進家裡，來年可以發大財。
11.食飦：「飦」（ㄓㄢ；同饘），指的是粥，台語音表「胖」，即發財發福之意。
12.水餃：象徵元寶，可以為家裡帶進錢財。
13.臘腸：也是長長久久之意。

另外，有一些過年需注意的飲食禁忌。如初一早餐應食用「麵線」，代表長生；或是「吃素」，代表向未來的一年祈福。而飲食禁忌則包括：不蒸新飯（只蒸過年炊的飯）、不食粥（元旦吃粥，出遠門必下雨）。

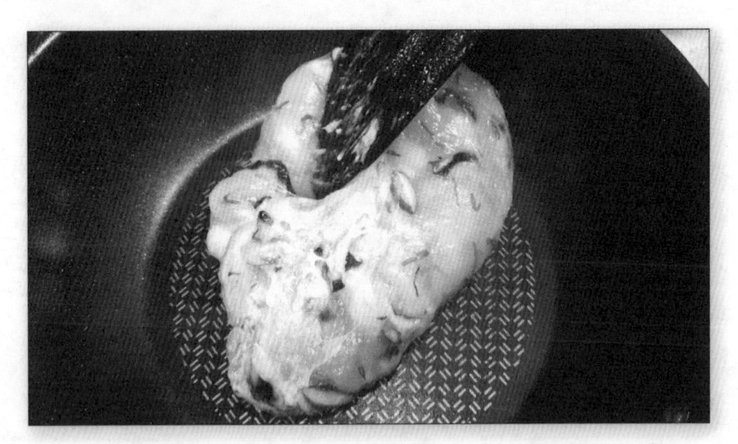
圖10-1　幾乎失傳的台灣年菜——芡番薯粉

(二)現代年菜

◆年菜外帶（送）

經過社會的變遷，越來越多的婦女紛紛投入職場，不再只是家庭主婦，因此也缺少時間來準備年菜，爲因應此變化，台灣開始出現年菜宅配或外帶。回溯報章媒體的新聞資料，第一次出現年菜外賣的新聞是在1997年，當時國賓與福華飯店均針對圍爐市場推出年菜外賣。餐飲業者持續看好這個趨勢，紛紛搶攻圍爐市場，2000年以後「年菜外賣」逐漸流行，其中又以「佛跳牆」這道菜餚最受歡迎。2002年起便利商店也開始搶攻年菜外帶之市場，台灣每到過年便開始有年菜搶購大作戰。許多餐飲業者包括飯店、餐廳、量販店、便利商店都在爭奪這塊蘊含數億元大餅的市場。

◆健康年菜

這幾年來政府大力推廣健康年菜，希望國人在年節來臨時，不要因爲吃太多大魚大肉而危害健康，因此每逢過年前，總有營養師示範多種健康養生年菜，希望大家能夠過一個健康好年。以下是由馬偕醫院營養課所示範的健康年菜菜色之範例：

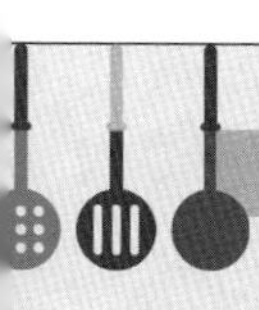

範例

菜名：五福拼盤

象徵：五福臨門

營養設計：海蜇皮利用涼拌的方式減少油脂的攝取，而採用蒜頭、紅辣椒等調味料，可降低「鹽」的使用量，減少腎臟的負擔。草蝦用水煮的方式可減低油脂的攝取，不過蝦頭膽固醇高，營養師建議最好不要食用。滷味除了肉類外，並加入紅、白蘿蔔及蒟蒻製品，不僅熱量低且能增加飽足感。

菜名：四喜燒賣

象徵：蘿蔔糕，意謂「年年高昇」，水餃代表「金銀財寶」滾滾來，四喜燒賣除了色彩鮮豔外，更有「喜氣洋洋」的涵義。

營養設計：蘿蔔糕用少許沙拉油可減少油脂攝取，營養師表示如能使用不沾鍋來煎，不放油更能降低油脂的攝取。水餃及四喜燒賣餡皆採用低脂絞肉以取代一般的五花肉餡，並以水煮及蒸的烹調方式來取代油煎，降低油脂的攝取。

資料來源：馬偕醫院營養課，http://www2.mmh.org.tw/nutrition/sp_menu.htm

二、端午節

端午節與中秋節、農曆新年並列爲台灣三大節日，家家戶戶都會掛上艾草、菖蒲以避邪，特別是早期自大陸的移民多無法適應台灣的亞熱帶氣候，死於瘴癘者時有所聞，所以端午這個避邪的節日格外受人重視。

端午節除了傳統的划龍舟競賽、立雞蛋外，吃粽子是此節日最傳統且重要的飲食活動。傳說粽子最早是因愛國詩人屈原投江後，鄉民唯恐江中魚蝦吃掉屈原身體，乃以竹葉包糯米飯擲入河中，想要使屈原身軀完整。後來所包的食物除了糯米外，尚加入豬肉、花生、鹹蛋等餡料，最後則演變成現代的粽子。在台灣，雖然採購現成粽子相當方便，但由於端午節過後即開始進入一年一度的大考季節，「包粽」又與「包中」諧音，因此考生家長們常會親自包粽子給考生吃，以保佑孩子考試順利（行政院新聞局，2004）。「吃粽子」在這時也成了家人團圓用餐的主要因素。

台灣的粽子一般可分成下列幾種：

(一)北部粽

指的是台灣北部習慣的做法。主要是將米浸泡於水中，用的是較硬而Q的長糯米，經過浸泡約六小時後，用油炒香，炒到半熟後用粽葉包上餡後蒸食。餡多為香菇、豬肉、鹹鴨蛋、栗子、花生、蝦米等。

(二)南部粽

台灣南部的粽子做法與北部略有差異。是用質地軟黏的圓糯米為材料，通常會浸泡約兩小時，瀝乾後直接與肉餡以粽葉包裹，再用水煮至熟透。餡與北部粽大致相同，統稱為台式粽子。如台南有名的再發號「台南八寶肉粽」，用的是干貝、香菇、扁魚酥、鹹蛋黃、栗子、魷魚、鮑魚、五花豬肉等上好材料製作而成。

(三)外省粽

由於1949年國民政府戰敗之後，這些隨之撤退來台的外省軍人將家鄉製作粽子的方法帶入台灣，因此在台灣可以吃到許多來自中國大陸各省的粽子，有代表江浙口味的湖州粽、廣東口味的廣式裹蒸粽、北方粽等，統稱為「外省粽」。在許多國際觀光旅館、南門市場等地點，都能買到這類粽子。

(四)客家粽

客家人擅常米食製作，在許多節日中，客家人多會製作粽子來祭拜食用，因此統稱客家人所製成的粽子稱爲「客家粽」，以便與其他粽子有所區別。

客家粽又可稱爲「粄粽」或是「粿粽」，是鹹味粽，以糯米爲主，並加入適當比例的蓬萊米，調配混合、加水磨碎製成米漿，皮白而Q，十分特別，內餡則多以上等絞肉、蘿蔔乾、豆干丁、蝦米等製成。這幾年來在新竹內灣的客家村，以當地的野薑花作爲粽子的研發食材，由一位范阿嬤研製出「野薑花粽」，深受觀光客的喜愛，現在也成爲內灣當地的特色食物，老街上有多間商家跟隨販賣類似的粽子產品。

(五)鹼粽

鹼粽主要是以糯米加上鹼粉製作而成。早期製作過程爲了讓蒸好的米不要黏粽葉，會加入少許硼砂，食用時剝取容易，顏色看起來也晶瑩剔

圖10-2　創新的野薑花粽

圖10-3　炒粽的過程

透，但現今考量健康因素已不再添加。一般吃法是以沾砂糖爲主要進食方式。但鮮少人知道鹼粽在早期的台灣社會扮演相當重要的角色。由於鹼粽爲素食，因此多用於祭祀。

三、中秋節

農曆八月十五日是中國傳統的重要節日——中秋節。有關中秋節的神話傳說，以嫦娥奔月的故事最爲著名。在台灣，一般中秋賞月吃的是月餅與柚子，月餅也是每年中秋送禮的必備食品。在台灣，月餅種類繁多，如蘇式月餅、廣式月餅、京式月餅、潮式月餅、蛋黃酥等。蘇式月餅多是酥皮，油多糖重，鬆脆香酥；廣式月餅則是台灣常食用的款式，這種月餅重糖、輕油、皮薄餡美，不易破碎，適宜饋贈；潮式月餅以糖冬瓜爲餡，食之鬆脆滋潤（文建會，2004）。

「萬家香醬油」在1986年中秋節前的密集廣告——「一家烤肉萬家香」所颳起的烤肉旋風，是創造台灣流行中秋烤肉的可能主要原因，並意外讓台灣在傳統節慶中新創出屬於自己的文化。每到中秋便是烤肉相關產品大賣之時，不管是親朋好友聚餐，或是社區活動，在中秋夜晚烤肉已成爲台灣的全民運動。

台灣民間也相傳，未婚的少女只要在中秋夜裡偷拔到別人家菜園裡的蔬菜，就表示她會遇到一位如意郎君。有句俗話：「偷著蔥，嫁好尪；偷著菜，嫁好婿。」就是指這項習俗。

圖10-4　每年台灣人都瘋中秋烤肉

第二節　生命食俗

人自出生後，即會遭遇各式各樣不同的生命禮俗，如出生、結婚、喪葬等，而這些重要的生命禮俗，多以特殊飲食設計的方式來展現它的特性。以下將介紹出生、壽誕、結婚、喪葬所衍生出來的傳統食俗。

一、出生之食俗

中國人非常重視生老病死，而「生」代表著生命的源頭，所以格外重視。在台灣，每當朋友家中添兒子或添女兒的時候，就會收到油飯與紅蛋，或是吃麻油雞，或以一盒彌月蛋糕回禮。而事實上，這些都是具有生命禮俗的重要意義。以下便就傳統上有關出生食俗上所應有的禮節作一介紹：

(一)產後三天

產家做油飯、雞酒、米糕，稱爲三朝之禮。

(二)滿月

滿月爲彌月之喜，做紅龜粿，紅色爲產家製作，粉紅色爲外婆家製作，皆代表滿月圓與喜氣之意。嬰兒在滿一個月時，外祖父母都需饋贈禮物十二項，包括紅湯圓、嬰兒服、背巾、金、帽、戒指、麻油、酒、雞、桔餅、腰子、豬肉、芋頭、龍眼、雞蛋等，都可以選購，只要取其中十二樣即可。

當然，爲了慶祝嬰兒滿月，家中更要備酒席宴客，稱爲「滿月宴」。滿月宴的主題菜爲「麻油土雞」，是台灣女性坐月子必食的補品，一定要使用全雞，表示孩子十全十美，雞血、雞內臟要放回去一起煮，最好是剛發情的小公雞。忌諱加味精、鹽、糖等調味，因爲民間相信坐月子吃鹹，會無法分泌母乳。

(三)四個月

要用十二或二十四個酥餅以紅線串起，掛在小孩的脖子上，稱爲收涎餅（收口水餅之意）；此外，還要做歪尾桃，爲四月桃，紅色爲產家製作，粉紅色爲外婆家製作。

(四)週歲

滿週歲要做「度晬龜」，象徵小孩邁向全新的里程。另外還要做腳踏龜，讓小孩兩腳各踏一個，左腳踏紅色，右腳踏粉紅色，象徵腳踏實地（資料來源：參考「郭元益糕餅博物館」展示之說明文字內容）。

二、生日之食俗

祝壽（台語音「作壽」）是台灣人生命禮俗的重要一環，慶祝壽誕的主人在接到賀禮時，都要準備酒席來招待親朋好友。在生日這一天，安排的菜色是以代表長壽的吉祥菜式爲特色，作出饒富祝壽涵意的「生日宴」，或稱「壽宴」。

首先，「生日宴」必須在桌面用筷子擺出「壽」字，並依壽星歲數設計不同的菜式，51～70歲可以有壽桃；71～91歲可以做「千年龜」與「萬年鶴」菜式；91歲以上就要準備「福祿壽」三仙，亦即「金玉滿堂」等菜式。

在壽宴上，通常有一道必備的菜餚「豬腳麵線」，這是取「豬腳強壯，麵線壽長」的吉利，是要祝福壽星身體強壯、長命百歲，因而稱之爲「抽壽」，意思是延長壽命之意。這種壽麵不僅壽星要吃，參加壽宴的人都要吃，而且還應分贈親友及鄰居，讓每個人都可以沾沾「長壽」的祝福。

圖10-5　壽宴——萬壽無疆

三、結婚之食俗

(一)訂婚

依照古禮，中國人結婚有訂婚和結婚兩道程序，但嚴格說來，訂婚並無宴席，只有結婚才有所謂的「結婚宴」。

舉行婚禮時，依照慣例，女方家長是不能出席的，但因爲國民政府遷台後，從大陸來的軍人多娶台灣妻，由於男方父母不在，只好改請女方家長主持婚禮，所以現代才逐漸形成男女雙方家長皆出席婚禮的習慣。目前在台灣的訂婚宴主要是宴請女方的親朋好友。

(二)結婚

依據結婚習俗，新娘出嫁常會看到有竹子隨行，此是藉「竹」的台語發音與「得」相同，隱喻「得」後，可以爲男方傳宗接代之意；也藉竹子的茂盛來隱喻家族興旺之意。在台灣因部分地區竹子量少，有時會看到有人用甘蔗替代，竹與甘蔗均有「節」，亦代表新娘有堅定的貞節操守。

新娘自迎娶到來到婆家下轎時，婆婆要先準備兩杯福圓茶，福圓要帶子，一杯十二顆，並且要將兩顆橘子圈上紅紙，放在茶盤上。由小男孩請新娘出轎，新娘要放一個紅包在茶盤上，小男孩拿走紅包後，將橘子拿到房間，橘子擺在床中間後，這張床就不能讓別人坐到。待新郎、新娘坐定後，小男孩要端福圓茶給新郎、新娘喝，喝過後不能將茶杯拿出去，要放在櫥櫃裡，目的是爲了制煞，等到歸寧回來後才能倒掉。

習俗上說「新娘神最大」，也就是煞氣最重。福圓茶不可倒掉就是因爲有制煞的作用，要等到歸寧後新娘的煞氣不見才能倒掉。如果兩個煞氣都很重的新娘在途中相遇，兩個人要換花，才不會互相剋到。結婚宴結束，新郎睡前要剝橘子皮，但不可分成兩半，剝皮後的橘子交給新娘，由

圖10-6 婚宴菜餚——心心相印

新娘分成兩半，一人吃一半，暗喻男主外、女主內。習俗相信男人帶財、女人帶庫，要有財有庫相輔相成，才能賺能守。而新娘房要有門檻，讓新娘進門時跨過，否則要在門檻位置貼紅紙代替，用意在引門神看護，可以保佑新娘日後生產時母子平安。

早期台灣人結婚，「結婚宴」多以十二至十八道菜爲準，但必須是偶數。菜上到一半稱爲「半筵」，這時會來一道甜點，接著有一碗清水，是由主人爲客人洗湯匙之用，但也有客人自己洗。休息片刻後，即由新娘親手調製紅圓仔湯，最後還要再上一碗甜湯，這是最傳統的流程。但現今結婚宴席已逐漸簡化，不過菜餚仍多以十二道爲主，而每道菜也意含祝福新人之意。

四、喪葬之食俗

在告別式當天，不僅要請死者享用在陽間的最後一餐，也要宴請前來送別的親朋好友享用宴席。前者稱爲「辭世盛宴」，就是在屍體入殮之前，爲死者所準備的陽間最後一次宴席，以表示和人間告別。這種告別宴依照古禮應是六葷六素的十二道菜，同時也要請一位「好命人」，把十二道菜一碗碗端起來，每端一碗就說一句祝福的話，然後挾菜做出給死者吃的樣子，但這種禮俗現多已消失。而後者即是指宴請親朋好友的宴席，稱爲「來生宴」，是在葬禮出殯後才舉辦，主要是招待前來送葬的親朋好友，但老一輩的人堅信，吃了來生宴，一定會人畜興旺。

「來生宴」在宴席的安排上有許多限制，如果死者爲四代俱在，兒孫沒有任何傷亡，就要安排祝壽宴。而主廚（總舖師）也要清楚死者的父母或祖父母是否健在，若是健在，要將魚尾朝向死者，隱喻天倫逆走之意。

第三節　宗教祭祀與飲食

一、齋醮宴

打醮祭典也稱「建醮」，是道教重要的表現形式，也是道教徒所從事的主要宗教活動。齋醮的目的，在於調和身心靈，使其與神靈相通，得福消災。在台灣民間信仰中，是一項非常盛行的宗教儀式。所謂「醮」，我國古時候的原始意義是「祭神」，道教盛行後，稱「僧道設壇祭神」爲醮。自南北朝開始，歷代朝廷大多有建醮的祭儀，尤其盛行於元、明兩代，主要目的是祈求風調雨順、國泰民安。早期，台灣南部以瘟醮爲主，中北部則以清醮居多。近年因經濟繁榮，人民生活富裕，各地寺廟爭相籌資改建，慶成醮已成爲台灣最常見的醮祭。

台灣民間信仰內容極爲複雜，醮祭也呈現多樣化，較爲常見的有下列幾種：

1.清醮：也稱祈安醮，是爲祈求或感謝神明庇佑平安。瘟醮、水醮、火醮常合併在祈安醮中。

2.慶成醮：爲慶祝寺廟或其他建築物落成而設的醮祭。

3.瘟醮：早年因凶荒或瘟疫流行，瘟醮是祭拜瘟神之用，並祈求平安。

4.水醮、火醮：主要是超渡死於水災、火災之罹難者的祭典。

5.神誕醮：主要是爲神明祝壽之用。

6.中元醮：與佛教盂蘭盆會（中元祭）混合而成。

由於醮祭主要是爲祈求或感謝神明庇佑平安，抑或消災解厄，因此參加醮祭的人都需齋戒，而且製作齋醮宴時亦需茹素，等到整個醮祭典禮完畢，才可恢復葷食。

二、普渡宴

台灣人對鬼神總是存有戒慎恐懼之心，因此在農曆七月開鬼門之際，普渡的活動紛紛在各地熱鬧展開，好比是全國總動員的大活動。舉行普渡的用意，不僅是請好兄弟吃大拜拜，更希望能夠藉由普渡祭拜的機會，代向閻王爺求情，請閻王慈悲爲懷，儘量讓他們能夠早日投胎轉世，回到陽間重新做「人」。

普渡一般分爲「公普」和「私普」兩種。前者指的是以居民信仰的寺廟爲中心所舉辦的祭典，後者則是各家分別進行自己的普渡。「普渡宴」是爲宴請好兄弟而舉行的宴席，就是俗話說的「拜門口」。宴請的對象只限於「厝前頭尾、男女老幼、好兄弟」，屬於「私普」，而非大廟舉辦的「中元祭」。「普渡宴」主要供奉三牲或五牲，以及其他食品，而且供品要多一點，飯菜也要注意口味，儘量豐盛些，否則餓鬼們就會作祟，或讓家人生病，或危害所養的家禽家畜。

由於社會的變遷，居住環境有所改變，尤其是居住在大都市內，常

圖10-7　家中自行舉辦普渡拜拜，準備豐盛菜色給好兄弟們享用

圖10-8　現在多由社區管委會統一舉辦中元普渡活動

常是一個個的社區，因此住在高樓的居民多不在家進行「私普」，而是由社區管委會統一安排，邀請所有住戶參與，此已逐漸形成一個慣例。

三、尾牙宴

台灣一到農曆過年，公司行號便舉辦各式各樣的尾牙犒賞員工。說到「尾牙」，主要還是與宗教祭拜土地公有關。尾牙宴主要是源自農曆每月初二及十六兩天，以牲禮祭拜土地公之「做牙」而來，農曆二月初二稱為「頭牙」，而最後一次即為農曆十二月十六日，稱為「尾牙」。公司行號在做牙時，都會準備豐盛的菜餚以求生意興隆，因此拜完後便讓員工一同分享，進而將尾牙這一習俗流傳下來。

由於「尾牙宴」後來成為老闆年終犒賞員工的筵席，所以「尾牙宴」的相關菜餚之意涵多與老闆及員工有關。人人知曉的尾牙菜，應是尾牙宴的雞頭方向的故事了，也就是雞頭如果朝著某人，就表示下年度不僱用此人了；如果他有悔意，這位員工就要趕緊將雞頭挾到碗裡，然後將雞頭朝上，老闆會根據此人的誠意再與他詳談及評估。若是員工另有他就，就不要入席吃飯，老闆見狀也會找他詳談。尾牙宴的菜餚內涵大多是保佑店家生意興隆、大獲財利、老闆與員工關係平和順遂。

近年來由於電子產業蓬勃發展，營收不斷創下新高，老闆多請演藝界藝人做秀以犒賞員工，並提供相當高額的股票讓員工抽獎，而原本的豐盛大餐則以「便當」替代，成為另類的尾牙。

第四節 國外節慶飲食

國外有許多節慶飲食，或因宗教因素，或因東西方文化交流，在台灣也陸續能感受到它的存在，甚至有些如聖誕節則已成為世界性的節日，其所產生的影響已深刻在國人生活中成為不可或缺的一環。因此在本節中，將介紹一些在台灣流行已久的國外節慶的飲食特色，讓住在台灣的人民亦能瞭解此種異國飲食文化，不會無所適從，鬧出不必要的笑話。

一、聖誕節

每年12月25日基督教將耶穌誕生的日子當作節日紀念，但由於在《聖經》中對於耶穌的誕生日並無確切說明，因此不同教會對於聖誕之日有不同的見解。而定12月25日爲聖誕節則是在公元四世紀時，決定這個節日的是羅馬教皇猶流一世（Julius I, 339-352 A.D.）。全家人都要相聚在一起舉行聖誕晚餐。歐洲人最初在聖誕節端上餐桌的食物是以鵝肉、野豬肉，甚至孔雀肉爲主。直到歐洲於1526年自新世界引進火雞，英國國王亨利八世在1573年的聖誕節吃起了火雞，成爲聖誕節吃火雞的第一人。但這項風氣直到1950年代才逐漸形成。根據統計，英國人現今至少有87%的民衆在聖誕節會選擇「烤火雞」來慶祝，每年聖誕節吃掉大約一千萬隻火雞。聖誕晚餐之後，人們還要去作禮拜報佳音，並爲唱詩班預備糖果及點心。

二、復活節

復活節主要是爲了紀念耶穌基督復活，據說耶穌死於星期五，四肢被釘於十字架上，並於三天後復活。但復活節的日期相當特別，在西元325年由羅馬皇帝君士坦丁一世召開會議，明訂復活節日期。由於耶穌死於星期五，當天稱爲「聖週五」（Good Friday），並於星期日復活，所以復活節就在每年春分月圓後第一個星期日舉行，所以每年的復活節日期也都不一樣，但多在每年的四月份。復活節的隔天又稱爲「復活節星期一」（Easter Monday），復活節假期一般都自星期五至隔週的星期一，共計四天。

由於蛋及兔子在西方世界象徵誕生與新生命之意，因此吃彩蛋、兔子形狀的各類點心食品也成了復活節最應景的食物。

圖10-9 復活節必吃的十字麵包

另外值得一提的食物，是麵包上有十字形圖案的「十字麵包」（cross bun），是一種甜味麵包，麵包中可能含有葡萄乾，或是加上巧克力醬、肉桂粉等口味，由於麵包上面有一個十字形，象徵「十字架」，許多國家，如英國、愛爾蘭、澳洲、紐西蘭、南非和加拿大，都有在耶穌受難日吃十字麵包的傳統。

三、感恩節

每年11月的第四個星期四是美國的國定假日——感恩節。故事要回溯到1620年，由於當時在英國無法忍受英國國教迫害的清教徒，決定移民美洲，乘坐的五月花號，在1620年11月抵達美國的新英格蘭。隔年在3月遇到當地的印第安人，雙方當時還曾交換作物種子，以物易物。由於當地印第安人教這群來自英國的新移民捕魚、種植玉米，也教他們在秋天獵殺飛禽、火雞和鹿。爲了慶祝這個豐收的日子，這群歐洲移民於是邀請印第安人一同感謝上帝的賜予，分享餐桌上的佳餚，包括鹿肉、火雞肉、野鳥肉及玉米等。而歐洲移民與印第安人在1621年連續舉辦三天的感恩活動，便被認爲是「美國感恩節」的源起。

後來美國南北戰爭（1861～1865年），動盪不安，當時的林肯總統爲了懇求全國人民治癒創傷，恢復國家的和平、和諧、安寧，於是在1863年宣布11月的最後一個星期四紀念爲感恩節，將原本慶豐收的感恩，轉換成爲戰爭時祈求和平的一個象徵節日。

感恩節是美國重大節日之一，在全國各地的家人都會團聚在一起，一些家庭也會邀請沒有家人在身邊的人一起聚餐，傳統的食物除了火雞大餐外，還包括麵包、馬鈴薯、蔓越莓醬、南瓜派等。

四、開齋節

每年伊斯蘭教曆9月，稱爲齋月，至齋月結束時，有一個盛大慶典，一連三日，稱之爲「圓齋節」，或「開齋節」，是世界上各地回教徒最爲重視的一項活動。屆時家家戶戶宰牛羊，招待親友慶賀，並做油香、饊子、油餜等多達三十種的節日食品。

封齋的天數有時爲二十九天，有時爲三十天。齋戒月期間，穆斯林（回教徒之意）在日出前都要吃好封齋飯。日出後的整個白天，無論怎樣饑餓，都不准吃一口食物、喝一口水，平時抽菸的人也要暫時戒菸，謂之封齋（或把齋）。封齋將要結束時分，清眞寺開齋的鐘聲噹噹響起，情況就與封齋時完全不同，人們可以飲食說笑，左鄰右舍可以團聚一桌，甚至行路的陌生人感到饑餓時，隨便走到素不相識的人家，都會受到主人的熱情招待。

參考文獻

一、中文

吳裕成（1993）。《十二生肖與中華文化》。台北：百觀出版社。

李豐楙（1996）。〈一個「常與非常」觀點的考察〉。《第四屆中國飲食文化學術研討會》。台北：財團法人中國飲食文化基金會。

夏凡玉（2003-2004）。〈台灣民俗節令飲食文化特展〉。《美食天下》，頁144-146。台北：美食天下雜誌社。

張玉欣（2013）。〈山珍海味，原是團圓味〉。《人籟論辨月刊》，2013年9月。

張玉欣（2020）。〈展現愛國精神，該吃牛肉？還是羊肉？〉。《料理台灣》，2020年6月。

張玉欣（2020）。〈盛宴桌上的火雞，感恩節主角〉。《國語日報》，2020年11月。

張玉欣（2020）。《飲食文化概論》（四版）。新北：揚智文化。

張啓華（1996）。〈薑餅屋〉。《自由時報》，1996年12月19日，39版。

張瓊慧總編輯（2004）。《台灣十二生肖宴全集》（上卷）（下卷）。台北：行政院文化建設委員會。

馮作民譯（1989）。鈴木清一郎原著。《台灣舊慣習俗信仰》。台北：衆文書局。

謝松濤著（1982）。《回教概論》。台北：中國文化大學出版部。

二、網站

文建會（2004），http://www.cca.gov.tw

行政院新聞局（2004），http://www.gio.gov.tw

迎神建醮保平安，http://content.edu.tw/local/tainan/kunhwa/two2.htm

十字包，https://zh.wikipedia.org/wiki/%E5%8D%81%E5%AD%97%E5%

8C%85，2020年10月22日瀏覽。

復活節星期一，https://zh.wikipedia.org/wiki/%E5%A4%8D%E6%B4%BB%E8%8A%82%E6%98%9F%E6%9C%9F%E4%B8%80，2020年10月22日瀏覽

台灣的飲食內涵

學習目的

- 認識台灣菜
- 瞭解台灣菜的內涵
- 認識台灣其他族群飲食文化

台灣這塊被稱爲「福爾摩沙」的美麗之島，在整個歷史進程中，經過幾個殖民階段，包括荷蘭占領時期（1624～1662年）、明鄭清朝時期（1661～1895年）及日治時代（1895～1945年）。在台灣光復之後，緊接著於1949年國民政府撤退，又爲台灣帶來近八萬名的國民軍，這幾個階段或多或少影響台灣的各項發展與生活作息。其中在飲食方面，由於荷據時期因台灣尚未開發，影響最少，其餘各階段都深刻影響到台灣民衆的日常飲食生活。

中國大陸有八大菜系，但台灣經過上述紛紛擾擾的年代，飲食習慣與大陸仍有些許的差異，因此如果說中國菜以八大菜系自居，台灣菜則不適合納入正統的閩菜菜系，反而應有它更豐富的詮釋。所以就台灣近百年的飲食發展，台灣整個飲食應可獨立出一個所謂的「台灣菜」，再從其中區分爲台菜海鮮、台灣小吃、客家菜、外省菜及原住民飲食五種。因此希望本章能夠將台灣的飲食內涵透過另類思考重新定位。此外，隨著台灣逐漸國際化，異國飲食在台灣亦占有重要的地位，因此將擇章另行介紹。

第一節　台菜海鮮

一、源起

台菜源自於福建菜，主要是在明、清兩代由泉州和漳州的移民所帶來的飲食文化，因此台菜便是在福建菜的基礎上發展起來。雖然在中國八大菜系中並沒有「台灣菜」，但隨著台灣的歷史變遷、日治殖民、海島型的地理環境所致，移民至台灣的漢人逐漸將原本的福建菜隨著當時生活環境所能使用的食材與其他影響因素下，修正了傳統福建菜，而成爲現在的台菜。但傳統的「佛跳牆」這道重要的福建菜，在台菜宴席中同樣占有重要的地位。

到了日治時代，台北最大的酒樓就是「江山樓」、「蓬萊閣」，當時一桌菜約十五圓，「登江山樓，吃台灣菜，叫藝妲陪酒」這句話在當時意味著士紳的風流，也是台菜作爲官方宴席菜最發達之時。可惜1949年日本戰敗退出台灣，加上1949年國民黨自中國大陸退守台灣，也將台灣的官方飲食生態進行了大幅改變。蔣中正先生所偏愛的江浙菜成爲宴席的主流，台菜不再受到歡迎，導致許多台菜餐廳關門大吉，殘存的幾間則遷移到北投，成爲另一項「那卡西」文化。由於政治因素影響台灣官方飲食文化甚鉅，因此現在台灣的國際觀光旅館少見台菜餐廳在旅館內生存，主要都以江浙菜、廣東菜、四川菜等所謂的外省菜爲主流，甚至迄今仍是如此。

表11-1　日治時代酒樓的菜單

蓬萊閣菜單（僅列部分內容）					
蓬萊一品大翅	大	六十　圓	八寶全雞	大	二·二圓
	小			中	
紅燒鮑翅	大	六·〇圓	掛爐肥雞	大	三·六圓
	小	四·六圓		中	
上湯魚翅	大	六·〇圓	生炒雞片	大	一·六圓
	小	四·六圓		中	一·二圓
八仙魚唇	大	六·〇圓	宮保雞丁	大	一·六圓
	小	四·六圓		中	一·二圓
炒鮑魚片	大	一·八圓	五色龍蝦	大	二·六圓
	中	一·四圓		中	二·〇圓

二、當下的流行

台灣爲海島，因此海鮮漁獲量很大，海鮮類食材所製作成的菜餚便在台灣菜中占有重要的地位，而早期以台菜海鮮著名的餐廳，海霸王集團與欣葉餐廳可說是其中的代表。海霸王第一家店1975年於高雄成立，專以提供「台菜海鮮」作爲宴席菜單的重頭戲；另外，同樣以台菜海鮮聞名的欣葉餐廳則於1977年成立，在台灣已有近三十年的歷史。欣葉是從十一張桌子開始的，成立之初就由現任董事長李秀英女士經營，並打破當時台菜餐廳只有清粥小菜、無大菜的既定印象，爲第一家將台灣筵席菜帶入台菜的餐廳。

表11-2的內容是這兩家餐廳在2006年所推出的喜宴菜單之比較。從菜單中可發現海鮮類食材所占的比例相當重，其他則是代表性的台菜，如紅蟳米糕。

表11-2　台菜海鮮餐廳喜宴菜單之比較

海霸王（每桌一萬五千元）	欣葉餐廳（每桌一萬二千元）
龍蝦烏魚子	如意拼盤：百片鮑魚、孔雀魚子
魚翅砂鍋雞	百合蹄圓
蠔汁野鮑魚	生干貝蘆筍
花好月常圓	黃袍豆腐捲
蒜泥蒸紅蟳	百子千孫
烏參燴鳳腰	魚翅燉雞
紅蟳栗子飯	蒸紅星斑
繡球鮮干貝	美味中式點心
三星拱照門	蟳仔米糕
蔥燒七星斑	松茸肚四寶湯
精緻美甜點	什錦水果
四季鮮水果	甜湯甜點

經濟部商業司在2020年特別針對「台菜」的主題，舉辦「2020經典台菜餐廳徵選」，自全台百餘家餐廳選出60家經典餐廳、12家名廚，並製作入選店家推薦手冊，介紹每間名店與推薦菜色。60家經典餐廳以台北21家最多，甚至贏過「台菜始祖」台南市的8家。商業司也表示，近年各大餐飲集團紛紛搶進台菜市場，台菜及周邊食品的年產值估計至少逾500億元，包含50億元的春節年菜市場、250億元的餐館營收市場。甚至連鎖超商業者也推出台灣在地食材製作而成的冷凍功夫台菜，跨界搶攻240億元冷凍食品市場商機。

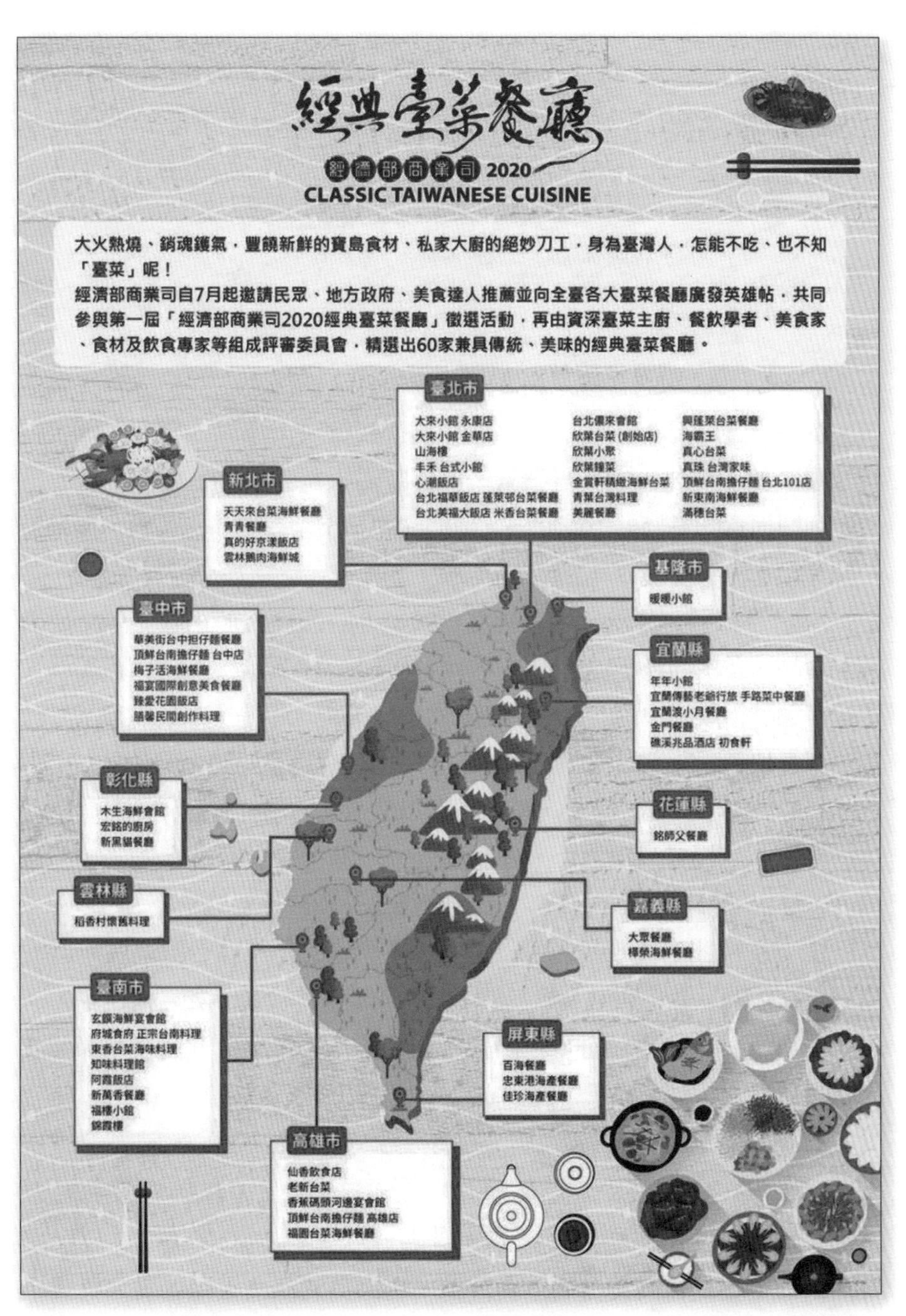

圖11-1　經濟部商業司舉辦「2020經典台菜餐廳徵選」，此為餐廳在台分布圖

第二節　台灣小吃

一、定義

「小吃」最初的含義是指非正式的飯食，即「小食」。甲骨文中便有大食、小食之稱。不過，在卜辭中的具體意義是指朝、夕兩餐，即古時稱爲饔、飧。現代人的一日三餐，在當時看來是奢侈的。當然，食前方丈、列鼎而食的貴族則不受此限。他們在朝、夕兩餐的前後加餐，便是最初的「小吃」。

小吃還有另一種說法，是指在正餐以外時間供人們止饑、品味或消閒的食品。多由油條、燒餅、包子、餛飩、餃子、麵條、元宵、蘿蔔糕、米粉等麵點組成。中國的小吃名稱雖然出現較晚，但是小吃的品種卻早已出現。春秋戰國時期的肉脯、餌、粢等，均可視爲早期的小吃。另外，小吃亦屬於點心，即點於空心，是在正餐以外所吃的精緻食品。

中國小吃還有三項特色，分別是：(1)源於民間，歷史悠久；(2)配合節令，鄉情濃郁；(3)原料豐富，製作精細等三項特性。

由上述相關定義，我們可以說「台灣小吃」是指在台灣地區所能享用到、在正餐以外時間供人們止饑、品味或消閒的食品。如台南碗粿、基隆鼎邊趖等。而台灣小吃同樣保有中國小吃的三項特性，也是本章節所要討論的部分。

二、特色

台灣小吃是台灣特有的飲食行爲，也因爲它涵蓋大陸各省、日式小吃的特有風貌，融合成現有的台灣小吃內涵，因此已經很難將其劃分爲外省菜與日本料理，所以可以統合成爲道地的台灣小吃。

余舜德教授則提到台灣的夜市小吃是少數幾項台灣本土文化論述能夠清楚建立的標誌之一，當台灣意識開始與過去被認爲正統的中國文化認同競爭時，台灣夜市小吃自然成爲建構台灣本土文化認同的來源。2000年政權輪換時，代表本土意識的陳水扁總統安排三樣台南的夜市小吃於慶祝就職的國宴上，即是最顯著的例子。

不過仔細觀察夜市各式小吃，即可發現夜市其實融合著不同起源的食物，隨著年代與流行食品的不斷改變，有愈來愈多的異國飲食，也逐漸成爲台灣的夜市小吃，希望可以找到創造流行的風潮。而這些不同源的小吃，亦呈現台灣歷史的痕跡。日本的烏龍麵、大陸北方的麵食及美式的牛排，已成爲台灣典型夜市小吃的事實，訴說著日本殖民的歷史、國民黨的統治，及日本與美國流行文化對台灣社會的影響。例如，一些日治時代即已流行的食物更已經「地方化」，以致常被認爲乃起源於台灣某夜市，而不被台灣人以外來食品視之。例如基隆廟口的天婦羅（tempura）雖是日本料理，但基隆廟口夜市的小販將這種被稱爲天婦羅的現炸魚漿佐以台式的海山醬與醃漬的小黃瓜，而非如日本關東煮加入高湯中與蘿蔔、魚丸等一起燉煮；而提起這種現炸現吃的天婦羅，台灣消費者也常直指基隆廟口夜市爲起源地，各地賣天婦羅的夜市小販，也多以「基隆廟口」天婦羅爲商標（余舜德，2005）。

台灣各縣市均有代表性的台灣小吃，其主因亦是因爲整個台灣的殖民歷史背景及地理環境所造就，但反而因這些歷史變遷結果，使得各縣市可說是一地方一特色，不僅吸引大量外國觀光客前來台灣品嚐道地的小吃，在台灣島上的國民旅遊也相當有展獲。**表11-3**是將台灣各縣市的特色小吃與源起地作一分析。

圖11-2　台南度小月擔仔麵

圖11-3　基隆天婦羅

圖11-4　淡水阿給

表11-3　台灣小吃的起源分析表

序號	縣市	代表小吃、特產	歷史源頭
1	宜蘭縣	羔渣 鴨賞、膽肝 羊羹	福建 台灣 日本
2	花蓮縣	液香扁食 花蓮薯、玉里羊羹 花蓮麻薯	台灣 日本 原住民
3	台東縣	卑南豬血湯	台灣
4	屏東縣	萬巒豬腳 黑鮪魚（生魚片）	台灣 日本
5	基隆市	天婦羅 鼎邊趖 李鵠糕餅	日本 福建 廣東
6	台北市	蚵仔煎、蚵仔麵線（夜市小吃） 天婦羅、黑輪 水煎包、蔥油餅	福建 日本 大陸北方
7	新北市	阿給（“油揚－あぶらあげ”） 淡水魚丸、金山鴨肉、阿婆鐵蛋、深坑豆腐	日本 台灣
8	桃園市	大溪豆干 客家菜	福建 廣東
9	新竹縣（市）	新竹炒米粉 肉圓、貢丸	福建 台灣
10	苗栗縣	客家菜（福菜、薑絲大腸、客家小炒）	廣東
11	台中市	台中肉圓、大麵羹（夜市小吃）、太陽餅	台灣
12	南投縣	竹筒飯、炸奇力魚、總統魚	原住民
13	彰化縣	貓鼠麵、肉圓 玉珍齋	台灣 福建
14	雲林縣	魯肉飯、擔仔麵、蝦仁飯	台灣
15	嘉義縣（市）	雞肉飯、東石蚵卷 竹筒飯	台灣 原住民
16	台南市	度小月擔仔麵、台南碗粿 鼎邊趖 棺材板	台灣 福建 仿西餐
17	高雄市	牛肉麵 岡山羊肉爐、美濃粄條	四川 台灣
18	金門縣	廣東粥 炒沙蟲等海鮮料理	廣東 台灣
19	馬祖	繼光餅、蚵餅、白丸、魚麵、鼎邊糊	福建
20	澎湖縣	澎湖絲瓜、海鮮料理	台灣

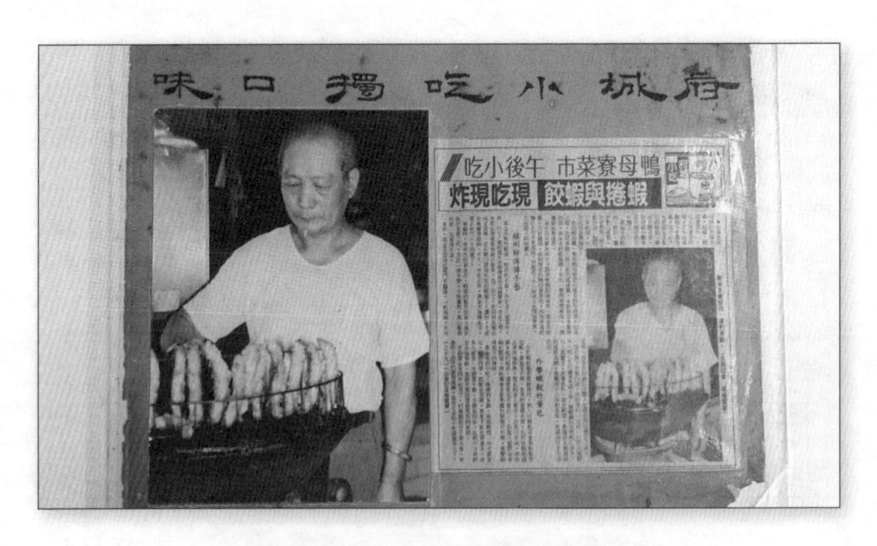

圖11-5　台南小吃——蝦捲的歷史悠久

圖11-6　台南現今流行的早餐——牛肉湯

第三節　客家菜

一、源起

客家人移民台灣時間較閩南人晚，約在清朝末期。當時靠海的平原和耕地大多被早先來台的漢人先行開墾，客家民族人數又不及漢人，只能往山間開墾荒地，尋求安身立命之地。客家族群在長期遷徙中，對吃並不十分講究，但從其飲食之中卻反映出客家人生活的智慧，和其勤勞刻苦、節儉堅毅的特質。這些早期移民的客家人自然將老祖先所傳授下來的客家菜帶入台灣。

由於荒地需要開墾，這些都由客家男人負責，因此他們需要大量的體力和熱量，於是食物必須油膩，才足夠補充體力。另外，由於當時生活較爲窮困，爲減少配菜的食用量，因此在配菜中加入大量鹽巴，所以客家菜口味也都偏鹹。但客家婦女的巧手仍會爲家人儘量烹製美味的飲食，在有限的食物中加入佐料爆香，藉著「爆香」的美味進而促進食慾。因此，「鹹」、「香」、「肥」成爲傳統客家口味的三大要素。

二、客家菜特色

客家人對於食物，通常僅求溫飽，較不重視視覺享受。在烹調上，美味也非優先考量，重要的反而是如何久藏及節省食物，並供應每天勞動的體力負荷，這才是製作客家菜需思考的重點。因此客家人在食物製作方面，往往以鹹、香、肥三大特色爲主。客家人喜歡吃鹹，除了因日常工作流很多汗，必須吃很多鹽維持體力外，更重要的是愈鹹的食物，愈容易下飯，藉以節省食物。客家食物中的香與肥是一體的，菜餚中的香來自於多油和油炸，除了可增加口感的豐富性外，更是補充勞動所需熱量的重要來源。

客家人由於大多居住在靠近山邊，離海相當遠，食材上以蔬菜及肉食爲主，少有海鮮。但雖然是肉食，事實上客家人一年中可以吃到肉的機會並不多，由於肉的價格昂貴，就算自家有養雞、鴨、豬，平時也捨不得宰殺，通常是賣掉增加收入，或等到大節慶時才會殺來吃。客家人的肉食以內臟類爲主，尤其是豬的內臟，爲了掩蓋內臟的腥味，在烹調時會加入大量的醋酸，藉以去腥兼殺菌；有些人不吃的內臟，到了客家人手裡卻成了一道道具有特殊風味的美食，例如鹹酸甜（梨炒豬肺）、薑絲大腸等，都是利用醋精等特殊調味料來完成的道道佳餚。

客家菜要求香，除了以薑、蒜提味外，日常使用的辛香料也以自行耕種的九層塔、紫蘇最爲重要。此外，到了煮飯時間，客家村落從家家戶戶廚房中，飄散出用豬油爆香紅蔥頭做成的蔥油味，更是令人回味不已的香味，不管是加進菜餚中，或在煮麵、煮粄條時拌入一匙，馬上香味四溢，在製作鹹粄類米食點心時，蔥油也是餡料中不可缺少的調味要角。蔥油儼然是客家飲食中「香」的代表。

三、客家米食

米食是客家人的主食，除了白米飯外，客家人在米食製作上總是較其他族群略勝一籌，一般稱客家人製作的米食點心爲「打粄」。以米爲原料打製的各種點心和粄類，在客家庄中隨處可見，種類也是繁多有變化，如紅龜粿、蘿蔔粄（菜頭糕）、豬籠粄（客家菜包）等等，極具客家傳統風味及特色。

客家人「打粄」的時機應用廣泛，如婚喪喜慶、各式節慶廟會、蒔田割禾時都會打粄。這些在節令上所製作出來的米食製品，寓含吉祥意味，除了藉以敬天祭祖外，也有爲勞苦終歲的人們滋補之意。尤其是「粑」（麻糬），客家人不論婚喪喜慶或廟會拜拜，都會大量打「粑」好

圖11-7 鹹酸甜

圖11-8 薑絲炒大腸

與客人分享。

客家人有個順口溜涵蓋了整個米食家族成員，再配合食用的時節，從**表11-4**中就可以瞭解客家人打製粄食的一個輪廓。

表11-4　打粄時令一覽表

名稱	系列產品及別稱	使用時節
頭槌	油槌仔	喜慶、拼盤、平時點心、春節
二滋	糍粑、牛汶水、麻糍	年節、喪喜慶、廟會拜拜
三甜粄	年糕、鹹甜粄、紅豆粄、花生粄	農曆春節前後
四惜圓	湯圓、元宵、粄圓、鹿湯齊、雪圓	冬節、元宵節、喜慶
五包	菜包、甜包	上元節、清明、尾牙
六粽	米粽、粄粽、粳粽	甜粽端午節、中元節
七層糕	九層粄	四季、平時早點
八摸挲	米篩目、米苔目	夏季、平時點心
九碗粄	水粄仔	四季、平時早點
十紅桃	紅粄、龜粄、長錢粄、新丁粄慶	典祭祀、平安戲
十一菜頭粄	蘿蔔糕	春節、四季點心
十二發粄	發糕、假柿仔	農曆春節、清明
十三芋粄	芋頭粄	秋冬點心
十四米糕	油飯	回娘家、彌月
十五粄條	粄條	全年點心
十六米粉	幼米粉、炊粉	全年點心
十七艾粄	艾草粄	清明、平時點心

資料來源：（財）金廣福文教基金會編（1998）。《北埔光景》。台北：允晨。

四、醃漬食品

(一)蔬菜類

客家男人負責外出勞動，能幹的客家婦女則省吃儉用於各項事物上，尤其是拿手的料理工作，更是著墨甚多。由於客家婦女必須自行種植或尋找各種食物，在當時爲了確保食物來源無虞，並在食物收成時，利用食材的特性加以改變並延長食物保存期限，因此多利用曬乾、醃漬等方式來貯存食物，以備不時之需。也因爲客家人群聚不同的地域，其氣候、農作物等因素而造就各地區不同的客家飲食特色。過去北部客家農村在二期稻作收成以後，便進入休耕狀態，這時勤儉的客家人就利用此一農閒，開始種植短期收成的蔬菜，種植最多的就是芥菜及蘿蔔。過去客家人冬天踩芥菜、曬鹹菜的這些農家活動，是許多客家子弟記憶兒時生活的一環，也是客家人飲食生活中最重要的一個環節。

芥菜經過醃漬，濕的可以做成鹹菜、福菜，乾的則製成梅乾菜（又稱鹹菜乾），其每個階段各有不同風味和烹法。鹹菜、福菜通常加入肉類煮成湯，口味鹹香，且可中和肉類的油膩；梅乾菜則通常加入需長時間燉焖的菜餚，如梅乾扣肉、鹹菜蒸絞肉，梅乾菜吸收肉汁使口感不致太澀，同時也使肥肉不會太膩。

蘿蔔的做法一樣有乾、濕兩種，乾的有菜脯乾、菜脯絲、蘿蔔錢等，濕的則有醬蘿蔔。有些蘿蔔乾醃久後轉成黑色的老蘿蔔，據說還有止咳、化痰、降血糖的功效。其中，菜脯絲除了平日煮菜外，也是製作客家菜包時不可缺少的配料。

客家醃漬食品種類相當多樣，除了上述兩種外，醬冬瓜、醃黃瓜、醃豆豉、瓠瓜、豇豆干、高麗菜乾等，都是相當具代表性的客家醃漬食品，有些可以直接配稀飯，或加入肉類烹煮都相當可口、下飯。

(二)醃漬肉類

「吃肉」對客家人而言是一件奢侈的事。過去客家人在物資缺乏的年代，平常難得有機會吃肉，僅在逢年過節、拜拜時，會殺雞宰鴨或殺豬。而當時因爲客家人對祭拜祖先非常隆重，掃墓時，必須上溯至來台時代的祖先，所有過世祖先都要祭拜，所以節慶時殺的雞鴨，多到可以用竹竿掛成一整排。這些一時之間吃不完或捨不得吃完的肉食，經由客家主婦的巧手，利用「封」和「麴」的方式，製成一道道美味的客家料理。

所謂「封」是指烹煮時，不掀鍋蓋，將食物密封於容器內，一直煲到爛熟爲止。另外，封也有豐富、豐盛之意，加上大部分的封肉都是將完整的肉塊或一顆白菜或苦瓜一整條進行「封」的烹煮，因此似乎也可以指將食材原封不動密封之意。正宗的客家封肉以原味著稱，是不加八角等中藥材調味的。

麴也稱爲「糟」、「醬」，以紅糟爲醃漬原料，紅糟是釀酒剩下的酒糟，具有濃洌的酒香，客家人大多有自行釀酒的習慣，餘下的酒糟可用以醃漬肉品。酒糟具有酒精成分，可保存肉類食品長達半年不致腐敗，且可使肉品散發濃郁的酒香味，是客家人相當喜愛的肉類保存方式。

(三)醬料類——客家桔醬

客家人也相當擅長使用醬料來增加食物的變化。客家特色醬料中，以桔醬最爲著名。桔醬是以酸桔製成，帶有柑桔類的酸味，通常用來沾白煮肉或白斬雞食用。

五、客家擂茶

擂茶又稱爲「三生湯」、鹹茶，吃法類似台灣人吃的麵茶，是客家人傳統上用來招待客人的食品，也是日常主要食品之一，在宋朝已有相關的文獻記載。除了台灣外，大陸地區的許多客家族群，如江西的南方客家庄還同樣飲用擂茶，材料的使用更與古代傳說的相同，但與台灣相異。

據說，擂茶起源於三國時期，張飛（一說是馬援）帶兵攻打武陵時，兵士因水土不服紛紛病倒，當地一位老翁因感於蜀兵軍紀嚴明，就教他們使用生茶、生薑、生米、花生、芝麻、黃豆等物一起磨碎後以熱水沖調食用，喝了之後果然藥到病除，此方即在民間流傳開來。依據此傳說，擂茶在蜀漢時已存在，而客家民系形成於宋朝，可見擂茶在早期並非客家人獨有的食物，只是此飲食習俗在後來僅客家民族保留了下來。

製作擂茶最重要的工具是「擂缽」和「擂棍」。擂缽由陶土製成，裡面有幅射狀、極細的溝紋；擂棍是一支約二尺長的細木棍，必須選用可

圖11-9　客家菜餐廳認證標章

食性木材製作，以芭樂樹最好，油茶木或山楂木等其次。

早期移居台灣的客家人，由於生活艱難，並沒有心力去保留製作麻煩、使用配料又多的喝擂茶習慣，所以，擂茶並未跟隨清朝時移民的客家民族傳播來台。目前流行於客家村落的擂茶是在1949年，由跟隨國民政府遷台的客家老兵帶過來的。

在台灣，擂茶現在已成爲客家村落的代表食品，其濃厚的香氣吸引觀光客人手一杯，品嚐著流傳了千年之久的美味。但配料繁多、製作手續繁複的擂茶，平日已少有人使用擂缽研磨沖調擂茶，反而在觀光景點提供遊客們研磨擂茶的體驗式觀光。若是到客家庄一遊，即飲式的客家擂茶是最受歡迎的伴手禮。

六、客家菜推廣

爲了推廣客家菜，讓消費者透過客家菜的接觸與消費認識客家文化，客委會自103年辦理「『客家美食HAKKA FOOD』認證餐廳第二期輔導計畫」，經過一連串的培訓與專案輔導，目前全台各地共有22家認證餐廳。

此外，桃園市政府客家局也於105年起舉行「海客原鄉・味傳香」，推廣海洋客家美食，截至106年已有24家業者通過輔導認證，加上105年通過輔導認證的餐廳，共計53家海洋客家美食餐廳。

第四節　外省菜

隨著日本戰敗，歸還台灣之際，國民政府又於民國38年戰敗遷台，當時有大量外省兵退守台灣。由於蔣中正先生與相關政要的外省背景及飲食偏好，一時之間，蔣中正先生及軍團將其所熟悉的菜餚帶入台灣，因此在台灣，除了福建菜之外，其他中國大陸之菜系都統稱爲「外省菜」。因此舉凡浙江菜、江蘇菜、四川菜、廣東菜等等，都屬於所謂的「外省菜」。

在當時，政治爲主要影響飲食主流的因素，外省菜可說是當時熱門的宴客菜，而將福建菜趕至北投，形成另一項酒家那卡西文化。此外，外省人與本省福建移民的聯姻、軍人改行從事飲食生產行爲，都是促成外省菜系逐漸走入平民家庭與蓬勃興起的重要因素。在這裡，僅就台灣目前尚存在且流行的中國部分菜系作一介紹，而另外該重視的是，這些所謂的外省菜口味亦已在地化，與原中國大陸的口味有一定的差別，與其說是否道地，還不如說是本土化來得更爲貼切。

一、四川菜

四川菜在台灣已流行多年，但除了傳統的麻婆豆腐、宮保雞丁等菜餚外，台灣尚有煙燻茶鵝、麻辣火鍋、紅油抄手等膾炙人口的四川名小吃，姑且暫不論述其道地與否，但透過《中華一番小廚師》的魅力，已讓台灣七、八年級生的年輕朋友們對川菜有強烈的喜好與興趣，筆者以爲這是飲食傳遞上始料未及的。

其實大陸的四川菜與台灣大不相同，而四川菜並不等同所有的辣味

圖11-10 四川菜——椒麻兔肉

食物，還有很多美味的川菜是不辣的。大陸有句順口溜：「四川人不怕辣、湖南人辣不怕、貴州人怕不辣。」只是台灣因僅四川菜較爲一般人所知曉，所以很多尚不知最辣的菜還在其他省份。四川菜的代表菜餚可以說是宮保雞丁、魚香肉絲等。而家常風味菜是以民間常見的菜品組成而得名，它的特點是取材方便、烹製簡單、經濟實惠，如回鍋肉、麻婆豆腐等民間菜餚，均深受廣大四川人喜愛。小吃則有一些所謂的著名商標，如龍抄手、賴湯圓、鍾水餃、夫妻肺片等。四川東北的代表爲重慶菜；四川西南的代表爲成都菜，其中重慶口味稍重於成都，如重慶的麻辣調味料比成都放得重，其味更是濃郁。

二、廣東菜

廣東菜簡稱「粵菜」，在台灣到處可見，就連一般的喜慶宴客也常以此菜系爲主進行菜單設計。以飯店而言，廣東菜便是最常應用到的菜系，其次才是江浙菜。台北君品酒店的頤宮中餐廳自2018年連續三年獲得米其林三顆星的最高榮耀，該餐廳主要菜色即是以廣東菜爲主，也推出飲茶。

大陸有句諺語：「生在蘇州，穿在杭州，食在廣州，死在柳州。」

反映出中國人對廣東菜的喜愛。粵菜由廣州菜、潮州菜、東江菜（客家菜）三種風味菜組成，廣州菜爲粵菜的代表。台灣目前尚有幾家潮州菜餐廳，而飲茶也相當流行，但台灣的飲茶沒有香港或廣東的早茶，僅被視爲是午餐或晚餐的正餐使用，與當地看報、聊天喝茶的景象有很大不同。東江菜可在許多客家庄吃到，因爲台灣大部分的客家移民多來自廣東，因此在台灣尙未失傳。

三、江浙菜

台灣的中餐廳招牌常見斗大的字樣寫著「江浙菜餐廳」，但事實上，在大陸並沒有「江浙菜」這個菜系，而台灣所指即是江蘇菜與浙江菜的融合，不過這種狀況在大陸是看不到的。而所謂的江浙菜之所以流行，應該始於蔣中正先生的家鄉——浙江省，由於民國38年國民政府退守台灣，蔣中正先生一直酷愛自己的家鄉菜，因此當時有許多的廚師爲投其所好，學習烹煮浙江菜，一時之間，這個菜系便在台灣逐漸普及起來，流行至今。

浙江菜由杭州菜、寧波菜和紹興菜三種地方風味組成。在台灣隨處可吃到的有金華火腿、龍井蝦仁、西湖醋魚、宋嫂魚羹、東坡肉、醃篤鮮等。

江蘇菜則是由淮揚、金陵、蘇錫、徐海四個地方風味構成。近年來台灣所流行的上海菜，如淮揚獅子頭、糖醋桂糟溜魚片、桂花鹽水鴨、南京板鴨等。

四、其他名菜

中國大陸尙有許多名菜在台灣流傳多年，魅力不減，如北京烤鴨與酸菜白肉鍋、陝西泡饃、雲南過橋米線、蒙古烤肉等，都屬於各地方的著名小吃。而大陸也有許多餐廳之名被台灣商人採用，但其中是否有合約關係或商標各自使用，則有待商榷。

第五節 原住民飲食

台灣居民雖以漢人爲主體，但最早期的先住民是以南島語系爲主、來自十六族的原住民，包含泰雅族、賽夏族、布農族、鄒族、魯凱族、排灣族、卑南族、阿美族、雅美族、邵族、平埔族（噶瑪蘭族爲其中一族）、太魯閣族、撒奇萊雅族、賽德克族、拉阿魯哇族及卡那卡那富族等族。

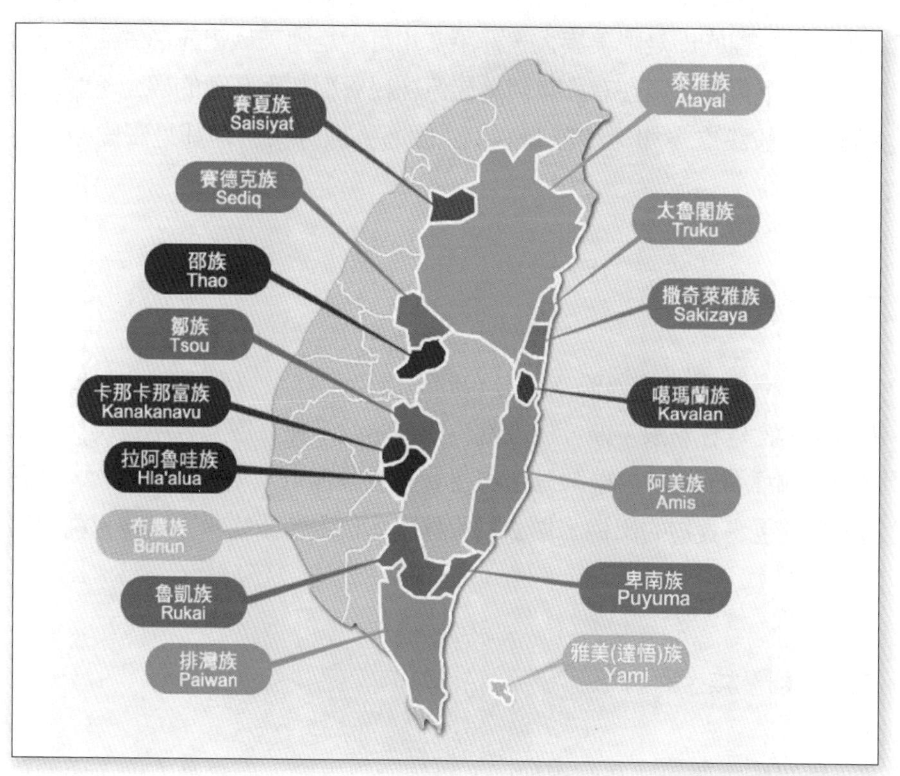

圖11-11 台灣原住民分布圖

資料來源：http://twedance.org/aboriginal00.aspx

雖然目前原住民的飲食生活並非台灣的飲食主流，但近年來政府也開始重視原住民文化，而其中的原住民飲食就成爲許多觀光景點中，觀光客願意嘗試的風味餐，讓在同一塊土地生長的同胞能夠接納多族群文化。以下將簡單介紹各族的飲食文化特色及目前的發展狀況。

一、阿美族

阿美族的分布以台灣東部爲主，以花蓮縣最爲密集。阿美族的主食是番薯、小米及米三種。阿美族人曾說：「吃野菜就是吃草。」原住民中專攻野菜料理的即是阿美族人，野菜文化可說是阿美族祖先們生活經驗累積所傳承下來的，現在有許多阿美族原住民餐廳都因花蓮的觀光蓬勃而如雨後春筍般設立，如「炒芒筍」、「藤心」等野菜料理都是餐廳中的名菜。

二、魯凱族

位於台灣南邊的魯凱族多分布於高雄市茂林區與台東霧台，魯凱族人傳統主食是甘薯跟芋頭，族人常烘烤芋頭乾。在喜慶宴會中會製作小米糕——阿拜（abai），象徵分享和慶賀。也製作奇拿富（cinavu），意思爲用葉子包裹食物的風俗，作法以假酸漿葉包裹芋頭乾粉末，並以肉塊爲餡。

三、排灣族

排灣族主要居住在台東地區，以芋頭爲主食。副食品方面，因他們居住在海岸附近，所以特別喜歡鹽漬烏魚、飛魚；鳥獸肉都是用白開水煮熟，然後用鹽巴調味。排灣族有吃檳榔的習慣，原住民吃檳榔主要是爲了染齒用，可以嚇走敵人，但習慣流傳久了，男女老少都吃，但原用意卻已不復存在。

四、布農族

傳說布農族的祖先征服太陽後，帶回來四種「粟」種，由於粟是屬於耐旱、耐寒、耐脊的農作物，適宜種在高山地區，且易於種植，因此演變成爲布農族的主要糧食。除了小米之外，布農族也以番薯和芋頭爲食物，米和小米可煮成飯，玉米可磨成粉，有時做成餅或粽子食用。

五、雅美族（達悟族）

「蘭嶼」在雅美族的意義即是「雅美人的島」。蘭嶼的居民絕大多數爲雅美族人，屬於馬來系統，島上族人沒有文字，也無交易市場，主食包含水芋、清芋及番薯三種，佐以魚類海產。雅美族人最敬畏飛魚，也愛吃飛魚，每年三至六月的飛魚祭是極爲重要的一項祭典，他們迷信吃飛魚可以增加自身的魄力。

六、卑南族

卑南族原以小米爲主要農業作物，後來才有水稻的引入，但除了小米和旱稻外，他們也曾種植番薯、山芋、豆類等作物。雖然經濟作物隨著時代而有所改變，但相關祭典卻多環繞在原始作物——小米上，甚至將小米的禁忌用於栽種水稻。小米在卑南族占有重要地位，所以原先的宗教活動也多環繞著它的種植週期來安排，如大獵祭、收穫祭，這些祭典現在已成爲觀光的賣點。

七、泰雅族

傳統泰雅人主食主要是小米及陸稻等各種穀類及甘薯，生產的副食則多以蔬果豆類爲主。他們不用筷子、湯匙進食，通常是等到飯冷了以後，便用手抓起來吃。泰雅人也喜歡喝酒，酒是用小米或米蒸過後釀造，釀熟時即直接用竹杯從甕中汲取來喝，族人也有貼臉飲酒的習俗，即用螺碗作爲酒杯，平時飲酒兩人共持一螺碗，相抱貼臉而飲，此習俗一直沿用至今。

八、賽夏族

賽夏人多從事農業工作，以種植小米、雜糧爲主，因此賽夏族人多以米、小米等煮成的軟飯爲主食，另外再食用番薯煮湯。

因農業生活的基礎，因此有關農事方面的祭典也特別多，如開墾祭、收穫祭等，但最負盛名的當屬每隔一年於農曆十月份舉辦的「矮靈

圖11-12　烏來老街販賣受歡迎的竹筒飯等原民食物

圖11-13　原住民村落容易買到像是馬告（山胡椒）等調味料

祭」。「矮靈祭」是台灣原住民祭典中十分特殊的一種，每兩年舉辦一次，在新竹縣五峰鄉及苗栗縣南庄鄉舉行。過去的矮靈祭是爲了慶豐收而舉行的豐年祭，但在賽夏族所住之處——即五峰鄉——有身高不及三尺的「大隘族」矮人與他們雜居，矮人善於巫術，也常教導賽夏人種植、看天象等生活必備之事。但矮人常欺凌賽夏人，於是有一次豐年祭前夕，賽夏人設下陷阱，打算消滅矮人。後來雖計略成功，矮人被全數殲滅，但賽夏人卻不再豐收，且災禍頻傳，賽夏人便因而認爲是矮人的靈魂回來報復。於是日後的豐年祭中均加上祭祀矮人的儀式，後來便慢慢成爲俗稱的「矮靈祭」。

九、鄒族

阿里山是鄒族的發源地，鄒族又稱爲曹族，主食爲小米。由於東南亞產竹，因此鄒族對竹筒的應用極爲普遍，多用來汲水或盛鹽，而最有名應是桂竹筒烤飯。傳說主要是在遙遠的年代，即在漢人尚未登陸台灣之前，阿里山鄒族人爲了打獵常翻過玉山，足至南投，爲了能享受「有媽媽味道」的便當，特別發明這種可以保存二週不壞的「桂竹筒烤飯」。如果有機會到阿里山遊玩，很多遊客都會選擇「竹筒飯」作爲飲食上的選擇。

十、邵族

邵族因主要集中在德化社，與日月潭淵源已久，因此有許多的特色料理與高山族群有所不同，十分具有特色。

在日月潭可吃到「刺蔥料理」，南投人流行取刺蔥嫩葉裹麵粉油炸、拌雞蛋油煎，都是自邵族處學習而來。另外，日月潭有一種土產的魚類稱爲「曲腰魚」，邵語稱爲aruzay，中國自古以來最推崇的「松花江白魚」就是指這種魚；又因爲蔣介石總統對其讚美有佳，因此又稱爲「總統魚」。此外，還有一種魚——「奇力魚」，也是邵族重要的食物來源，邵族人主要用來鹽漬，成爲傳統醬菜，但現今多用油炸，成爲日月潭各飯店的一道名菜。

圖11-14　日月潭的炸奇力魚與潭蝦

十一、平埔族

平埔族原指的是台灣十九世紀末，東北部及西部平地地區的十個族群，約有五、六萬人。其中包括：宜蘭的噶瑪蘭、淡水台北的凱達格蘭族（Ketagalan）、新竹以下的八族。日本學者鈴木質先生研究平埔族的飲食生活，他指出，平埔族的主食爲米與番薯，副食品與福建人沒什麼差異，但平埔族人吃牛肉，這一點則不同於福建與廣東的飲食習慣。

十二、太魯閣族

太魯閣族大致分布北起於花蓮縣和平溪，南迄紅葉及太平溪這一廣大的山麓地帶，過去也被稱爲「東部泰雅族」。早期族人主要是以小米爲主食，高粱、玉蜀黍、粟等都是重要的糧食來源，也會自釀小米酒。由於位在花蓮山區，因此山豬、山羊、山羌、飛鼠等是主要的肉食來源。

十三、其他

其他像是撒奇萊雅族主食的小米、賽德克族主要作物的小米（macu）及黍米（baso）；分布在高雄市桃源區高中里、桃源里以及那瑪夏區瑪雅里的拉阿魯哇族，以「聖貝祭」（miatungusu）中的「聖貝薦酒」儀式最爲知名；同樣在高雄市那瑪夏區的卡那卡那富族，祭儀活動以「米貢祭」與「河祭」爲主。

參考文獻

一、中文

余舜德（2005）。〈夜市小吃的傳統與台灣社會〉。第九屆中華飲食文化學術研討會中發表。

周錦宏（2003）。《戀戀客家味——客家米食篇》。苗栗市：苗栗縣文化局。

周錦宏（2003）。《戀戀客家味——客家料理篇》。苗栗市：苗栗縣文化局。

周錦宏（2003）。《戀戀客家味——醃漬食品篇》。苗栗市：苗栗縣文化局。

財團法人金廣福文教基金會（1998）。《北埔光景》。台北：允晨文化。

張玉欣（2005）。「新竹客家飲食文化調查結案報告」。

張玉欣（2020）。《飲食文概論》（第四版）。新北：揚智文化。

二、網站

2020米其林。〈台北台中30家摘星餐廳完整名單〉，https://margaret.tw/michelin-taipei/，2020年10月22日瀏覽。

太魯閣族，http://ecocity.ngo.org.tw/newfile/maintopic/taruko/taruko.htm

行政院原住民族委員會台灣原住民族資訊資源網，http://www.tipp.org.tw/formosan/population/population.jspx?codeid=5833&type=4

咕嚕咕嚕音樂餐廳，http://0423783128.travel-web.com.tw/

欣葉餐廳，http://www.shinyeh.com.tw/event_c.htm

海霸王集團，http://www.hpw.com.tw

黃佩君（2020）。〈2020年經典台菜餐廳名單出爐 台北比台南多〉。《自由時報》，2020年10月20日，https://ec.ltn.com.tw/article/breakingnews/3326544，2020年10月22日瀏覽。

楊淑媛（2017）。〈桃市推廣海洋客家美食，106年新增24家業者認證〉。《ETtoday》，https://www.ettoday.net/news/20171221/1077279.htm#ixzz6bqvoH9BI，2020年10月25日瀏覽。

在台灣的異國美食

學習目的

- 認識在台灣的流行異國美食
- 學習異國美食的內涵

台灣的異國餐廳到處林立，有些堅持原味，有些則已經在地化，推出台灣人較熟悉或喜愛的味道。2018年，米其林餐廳評鑑制度來到台灣，率先公布的「台北米其林」餐廳名單掀起一陣熱潮，2020年則進一步有了「台中米其林」，逐漸加速帶動台灣餐飲業邁向國際化。

在台灣，由於在地口味上的差異與習慣性，因此異國料理餐廳在台灣經營的過程中，一方面爲討好台灣本地的消費者，一方面因應當地食材取得的便利性，因此口味都會略作修正，以符合台灣民眾的喜好。因此本章將介紹在台灣的異國料理，並介紹國人常吃的異國料理內涵，將這些異國料理特色與本地生活融合一體，讓消費者在吃的同時，也能夠瞭解其中意涵。

第一節　日本料理

一、源由

台灣過去的日本料理，一般以生魚片、壽司最爲人所熟悉，傳統的日本料理店也以此類產品爲主。但自從台灣電視頻道於90年代開放日本電視節目，日本有線電視台熱力放送日本美食綜藝節目，使得國人對日本料理有更深的認識，因此日式拉麵、日式烤肉紛紛在台創設，所以本節將介紹幾種在台流行的日本食物，讓國人吃得有味之餘，還能夠對這項異國食物有基本認識。

二、特色飲食

(一)日本拉麵

台灣在1980年代出現第一家日本拉麵店，日本拉麵品牌「赤坂拉麵」則於1999年來台展店，相較於當時一碗不過30元的切仔麵，動輒百元起跳的日本拉麵瞬間吸引台灣民眾的好奇心。

◆拉麵的由來

日本拉麵的概念源自中國料理，有關日本拉麵的最早歷史記載是在1704年，當中便提到了「中華麵」一詞。

明治時代，日本政府開放了橫濱、神戶和長崎三大港口，大批遷徙定居的華僑在當時形成的中華街開始販賣包括配以簡單湯料和配料的中華麵條等中華料理。由於最先出現在橫濱的南京街販賣麵食的中華料理店，所以拉麵一開始叫做「南京麵」（南京そば），後來被稱爲帶有貶抑意味的「支那麵」（支那そば）、「中華麵」（中華そば），最後才演變成現在使用的「拉麵」一詞。

「拉麵」一詞的普及，要追溯到二次大戰。由於第二次世界大戰結束後，日本戰敗、人民貧困，加上糧食缺乏，當時來自美國的廉價麵粉順勢取代了日本人對稻米的需求，造成麵食的流行。但當時人民常爲了買一碗麵要在寒風中排隊，1910年出生在台灣嘉義、並在廿一歲移民日本的吳百福（日文名爲：安藤百福），於1958年在日本發明了便宜又可快速沖泡的「日清雞汁拉麵」，讓當時的日本人直接用熱水沖泡便可吃到熱騰騰的拉麵，也因這項創舉在日本造成轟動與流行，「拉麵」一詞便逐漸取代了「中華麵」。

目前全日本大概有二十萬家以上的拉麵店，並在1994年成立了「新橫濱拉麵博物館」，展示各式拉麵的歷史與特色，是目前唯一對拉麵資料收藏較為完整的主題博物館，拉麵博物館已邁入二十週年，並在館內設立拉麵店，重現1958年的日本街道風情，也紀念泡麵的首次問世。

◆拉麵的種類

日本拉麵的種類可以地區作為主要的區分方式，其主要是因為各地氣候及地域差異性極大，也造成各地區口味的不盡相同。由北至南大致可以分成札幌、東京、九州及函館四大地區，其所創的口味最為知名。

1.味噌拉麵：北海道以「味噌拉麵」聞名，其特色在於高湯添加屬於日本原味的味噌，口味甘醇香濃，而北海道地處寒帶，其麵條較為粗獷。

2.豚骨拉麵：豚骨拉麵源自九州，在日本九州的博多等地多以此拉麵聞名。「豚」即指「豬」之意，因此豚骨拉麵由字面上的含意，即可知是用豬骨熬製出來的高湯所烹煮出來的拉麵。由於用豬骨以大火長時間熬煮出高湯，其湯的顏色相當濃稠且呈現乳白色，因此又稱為「白湯」，此口味在台灣最為普及。

3.醬油拉麵：指的是東京的代表麵——「正油味拉麵」，屬於關東風味。此拉麵的高湯是以雞骨為主原料，配上昆布、柴魚、小魚干、醬油等一起熬製，口味較為清淡不油膩。

4.鹽味拉麵：鹽味拉麵是日本拉麵當中最早出現的風味，源於大正時期的北海道函館。若依字面上的意義會被誤認為是加上很多鹽巴的湯麵，其實不然。「鹽味拉麵」主要指的是蔬菜拉麵，以函館地區聞名，而且因為添加多種蔬菜，口味清淡，可說是所有拉麵當中最健康的一種。

◆拉麵的配料

1.高湯：日本節目《拯救貧窮大作戰》中，常見指導者為教導學習者熬製一鍋合格的湯頭，常要在半夜一、兩點鐘即需起床準備。因為高湯是拉麵的靈魂，而一鍋好的豬骨湯，至少要熬二十四小時以

圖12-1 札幌的一風堂拉麵店

上，將骨髓和膠質完全釋放至湯中，因此需要廚師用「心」熬製出來，所以一碗拉麵是否成功，其關鍵便是我們所稱的「高湯」。

2.配料：拉麵中常見的配料有海苔、蔥花、筍片、叉燒肉、魚板、白煮蛋、豆芽菜等。

(二)生魚片

生魚片的日文漢字爲「刺身」，指的是用新鮮的魚貝類，不做任何的烹調，以「生」的狀態將它切成一片片薄片，再沾以醬油、芥末的調味料入食。不過現在並不限於魚貝類的食材，新鮮的生肉，如牛肉片、馬肉片等也可稱爲「刺身」。

由於生魚片是以生吃的方式進食，因此食材的新鮮與否相當重要。一般在處理生魚片時，最好選在魚還活著的時候進行宰殺及放血的動作，在運往餐廳路程中，一定要用碎冰冷藏帶回。另外，切生魚片的砧板，在使用前都必須用滾水燙過，以確保食物的衛生與安全。

一般食用生魚片，芥末是不可缺少的沾料，芥末又稱爲山葵，不但能夠消除魚腥，亦能夠壓抑毒性，促進食慾。但在台灣，一般人習慣將芥末與醬油攪拌後使用，其實是錯誤的食用方式，正確的方式應該單獨將芥末置於生魚片上，再沾醬油食用。日本人也習慣將白蘿蔔絲與生魚片配著食用，一般白蘿蔔絲切好之後，應放在冰水中浸泡數分鐘，以增加其脆度，吃起來會更有口感。

(三)壽司

壽司對日本人而言，是相當平實又重要的料理，其中又以生魚片壽司最爲高檔。因爲生魚片講究的是刀工與食材的鮮度，而壽司的米飯好壞、醋的選擇、壽司的捏法，在在影響到壽司的品質，因此一個高品質的壽司，如黑鮪魚壽司、和牛壽司等，在台灣都要價新台幣350元以上，相當昂貴。但除了以生魚片爲食材外，也有使用烤干貝、烤星鰻等熟食類的食材所做成的壽司，都稱爲「握壽司」。

若是用海苔包的壽司，則有軍艦卷、捲壽司，前者如以海膽或鮭魚卵爲食材者；後者如加上黃瓜的黃瓜捲，或加入乾蘿蔔，或加入蛋皮的捲

圖12-2　日本壽司料理

壽司。

吃壽司時，日本人習慣用手進食，但也可以用筷子進食，一般握壽司內都已有芥末，因此要以右手拿壽司、左手拿醬油碟，將飯上面的食材沾醬食用即可。

圖12-3　現在流行旋轉壽司，供客人自由取用

圖12-4　源自九州的一蘭拉麵相當知名，已在多國開設分店

第二節　韓國料理

一、源由

位於亞洲東北的韓國，與日本同樣承襲中國文化傳統並自成一格，其中的飲食文化同樣是源自中國並加入自己的地理元素，因此韓國菜同樣易被國人所接受。自從二〇〇五年韓劇《大長今》在台播出後，更是讓國人充分瞭解韓國的飲食文化，紛紛對韓國傳統料理喜愛有加，因此在這裡將介紹這些在台灣異軍突起的特色韓國料理。

二、特色飲食

(一)韓國泡菜

◆泡菜的歷史

在2013年獲得聯合國教科文組織的非物質文化遺產殊榮的韓國泡菜，指的是以傳統的方式所製作出的泡菜，由於這項製程需要度過漫長且嚴峻的冬天，因此在韓國稱之爲「越冬」（Kimjang; Gimjang），製作出的泡菜稱之爲「越冬泡菜」。

泡菜是韓國的代表性食物，在韓國，小孩在四歲左右便被開始訓練吃泡菜，並養成吃這類食物的習慣。泡菜是指將蔬菜用鹽水醃漬而成的菜，韓語的發音爲kimchi。由於韓國地處溫帶氣候區，因此冬天的時間較長，爲避免種植的蔬菜受到寒害，因此當大量蔬菜收割後，便使用醃漬的方式進行貯存，以有效利用。《三國志．魏志東夷傳》曾提到：「高麗人擅長製作酒、醬、醬汁等發酵食品。」由此可知，當時高麗人（現在的韓國人）對於發酵食品的製作已十分拿手，並成爲他們日常飲食生活中的一部分。

◆泡菜的種類

韓國泡菜多以大白菜、白蘿蔔爲主要的醃漬材料，此外黃瓜也是使用的材料之一，但最重要的配料絕對少不了辣椒，另外還會拌上蔥、薑、蒜等辛香菜作爲調味料，種類將近百種。韓國飲食可謂道道地地的泡菜文化，在當地餐廳都可隨時點到泡菜飯、泡菜麵這類當地的日常主食。泡菜的種類如此繁多，在此僅列出較常吃到的種類：(1)大白菜泡菜；(2)蘿蔔菜泡菜；(3)蘿蔔片泡菜；(4)蘿蔔水泡菜；(5)黃瓜泡菜。

◆泡菜的功用

有韓國人開玩笑說：「韓國人之所以不會得SARS，便是因爲吃泡菜可以殺菌。」泡菜在製作過程中確實會隨著發酵的過程產生抗菌作用。研究指出，有害菌在發酵過程中會因產生乳酸菌而得到抑制，且隨著發酵的成熟產生酸味的乳酸菌，不僅使泡菜更具美味，還能抑制腸內的其他菌種，防止不正常的發酵，抑制病菌；而且，泡菜還能預防血液酸性化導致的酸中毒。此外，泡菜類中含有的蔬菜液汁和食鹽，有淨化腸胃的作用。因此吃泡菜可以說是好處多多。

(二)韓國烤肉

台灣一般在烤肉的時候，常用的飲食方式是將肉片夾在吐司中一同入口，這是一種可以飽腹、調和口味的方式。但是韓國烤肉的正確吃法，則是較爲健康的吃法，主要是因爲烤肉多欠缺蔬菜，但他們會將沾上紅醬的烤肉置於一片生菜上，再加上蒜、洋蔥、特製小菜等，然後包起來，一口放入嘴裡，因此不會太鹹，加上生菜本身爲綠色蔬菜，因此反而成爲養生的料理。韓國人在吃完烤肉後還習慣吃上一碗冷麵，綜合一下剛才吃過

圖12-5　韓國泡菜在韓國傳統市場到處可見，種類繁多

較燥熱的烤肉，可說是陰陽調合、致中和的最適切說明。

日式燒肉其實源自韓式燒肉，主要是在二次大戰之後，當時滯留在日本的韓僑，常食用韓式烤肉並藉此懷念故鄉，但由於其美味也吸引了當時的日本人，因此才開始有日本人開設燒肉店，以饗美食。但韓式與日式最大的不同是，韓式燒肉在烤之前會先醃過，食材以肉類爲主；日式則強調原味，多不醃漬，或僅以清淡的和式醃醬現醃現烤，食材較爲廣泛，包含蔬菜類、海鮮類等。

(三)石鍋飯

「石鍋飯」是將白米飯上蓋上黃豆芽等蔬菜、肉和雞蛋等佐料，盛在滾燙的石碗內，再放上適量的辣椒醬後，攪拌而食，是屬於韓國式拌飯，也是韓國獨有的食物，值得一嚐，尤其它是由多種材料的味道相混合形成獨特的風味；鍋底的鍋巴更是一絕，在大部分的韓國餐廳均可品嚐到。日本的燒肉店、台灣的日韓料理店也能看到它成爲菜單上的選項。

(四)冷麵

在台灣，麵的烹調方式除了涼麵之外，都以熱食的方式處理，尤其是湯的熱度更是重要。但在韓國麵食中，卻有湯頭之溫度以「冷」的方式呈現，喝起來十分冰涼。據韓國人表示，他們還特別喜歡在冬天食用冷麵，感覺特別舒服。事實上，有提供韓國烤肉的餐廳，通常亦都會提供冷麵作爲主食，可消除烤肉炭烤味與火氣，是當地最受歡迎的食用方式。一般製作麵條的原料有蕎麥、馬鈴薯等，與台灣的差異性較大，麵的配料則以肉片、海帶、蔬菜、水煮蛋爲主。

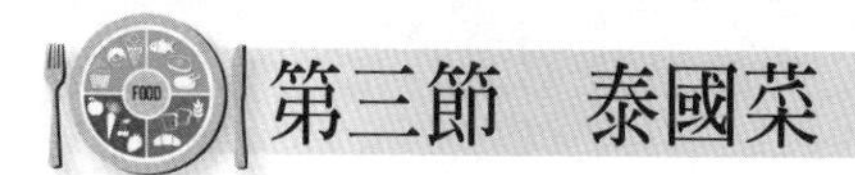

第三節　泰國菜

一、源由

泰國位於中南半島，氣候酷熱但雨量充足，物產豐盛，享有熱帶水果天堂之美譽，而南部沿海則有豐富的海鮮，都是泰國菜的最佳食材。泰國菜受到雲南、潮州、印尼、印度、越南的影響，加上泰國本土飲食所產生的綜合料理。泰國位於東亞稻米飲食圈的一部分，所以也以稻米爲主食。

泰國菜一般分成三類，一是泰東北菜，以泰國東北地區爲主，此地因位居山區及邊陲地區，菜色簡單沒有具體的特點，唯一爲人熟知的是拌辣肉，以絞肉拌上辣椒粉、南薑、薄荷等調味而成。二是泰北菜，即清邁一帶的菜餚，因地處邊界近中緬邊境，因此菜色受到中國、緬甸的影響，泰北菜以各式涼拌沙拉及咖哩辣醬聞名。其三爲泰南菜，主要受到回族及馬來文化的影響，以咖哩、椰汁、椰奶爲主要佐料，當地咖哩魚及以咖哩烹製的各色海鮮十分美味。

二、特色飲食

(一)辛香料

「酸辣」是泰國料理最大的特色，「酸」是來自檸檬、番茄的酸甜味。而紅色辣椒的朝指椒與朝天椒、綠色辣椒是不可或缺的辣味來源，但不論多辣，都不會影響到菜色的美味，如冬炎湯（tom yam soup）即是一例。泰國料理的重要調味料是「魚露」，是由海魚醃漬、蒸餾而成的液態調味料，可說是泰國的醬油。而其著名的蝦醬，也有類似功能，可用在炒飯、炒麵、煮湯麵等料理。

其餘的當地天然香料，如香茅草、南薑、羅望果、蔥、蒜、茴香、薄荷香葉、九層塔等，濃烈香氣讓泰國料理味覺獨樹一格。泰國的咖哩則分爲紅咖哩和綠咖哩兩種，後者比前者辣。另外也可加入椰奶或優酪乳，帶有酸甜的口感，十分滑潤可口。

(二)泰國香米

泰國境內土壤肥沃，氣候長年晴朗穩定且雨量充足，因此境內各式農產品種類繁多。在曼谷附近的中部平原則盛產稻米，傳統泰國米較細長，不具黏性而且口感乾硬卻十分有嚼勁，晶瑩剔透，蒸熟後有一種特殊的香味，是世界稻米中的珍品。在美國及東南亞一帶流行的「香米」之著名品牌，如「蝴蝶」、「蜻蜓牌」、「佛祖牌」、「金鳳牌」香米等，都來自泰國。

泰國人也是以米飯爲主食的民族，大部分泰國人都以米飯爲主食，靠近寮國的東北部地區則吃糯米，而以清邁爲中心的北部地區，則以米粉、河粉爲多。

(三)月亮蝦餅

在這裡之所以特別將「月亮蝦餅」此道菜餚列爲特色菜，主要是因爲這道菜在台灣的泰國菜餐廳的點菜率一直名列第一，口味與口感均受一般消費者所喜愛。這是一個極爲有趣的現象，因爲「月亮蝦餅」其實屬於越南菜，泰國的蝦餅是不裹粉的，只是它的沾醬是道地的泰式酸梅沾醬。但由於這道菜是國人比較可以接受的菜餚，所以在泰式餐廳被列爲正式菜單之一，它受歡迎的程度可能是當初餐飲經營者所想像不到的。

(四)其他酸辣菜餚

泰式料理多爲魚露、辣椒、檸檬等調製成酸辣口味，大部分都無需再調味，如檸檬魚、蝦醬空心菜、辣拌牛肉等。其餘尚有一些海鮮類以咖哩煮法爲主，知名菜餚有咖哩螃蟹、咖哩墨魚、泰式烤魚等。

另外，著名的「冬炎湯」，湯頭是用檸檬、辣椒、香茅與番茄等一起熬煮，湯內則有許多的海鮮食材，味道刺鼻而香辣。

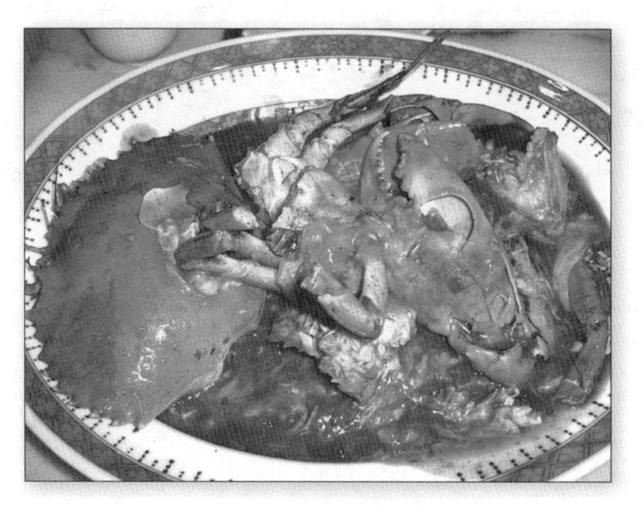

圖12-6　泰國咖哩蟹

(五)泰式甜點

由於泰國盛產熱帶水果，因此有許多時令水果製成的點心或飲品可供食用。知名的有摩摩喳喳、椰奶糯米、椰子香蕉、椰子糯米糰、炸香蕉、荔枝萊姆等。

第四節　越南菜

一、源由

越南菜雖然非世界名菜之一，但由於台灣越南籍外配人口比例在過去數年暴增，於是街頭到處可見越南菜餐廳，其道地性與豐富性值得我們進一步認識這在台灣爲第五大族群的家鄉菜餚。

越南菜與泰國同處東南亞，食物同樣以酸和辣的口味爲主，但由於中國文化在早期曾進入越南，深受中華文化薰陶的越南人，在飲食文化上受到中國相當大的影響。一般來說，口味清淡的人比較容易接受越南菜，因爲大多數的越南菜只放少許香料，而且烹飪時很少用煎、炸的方式。

越南南北各地方有其獨特風味，並因地形狹長的關係，北、中、南越都有其特色飲食。如北越是牛肉河粉，中越則盛行水晶蝦餃，南越則是世界知名的春捲。越南菜最重要的醬料與泰國一樣是「魚露」，魚露多用來沾食食物。

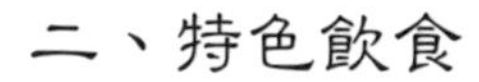

二、特色飲食

(一)羊肉爐

越南的羊肉爐來自中國的冬天溫補概念，在與台北一樣有四季的北越相當盛行，且愈北方，吃的人口愈多。有趣的是，因越南經歷過越戰，男性人口較女性少，因此社會明顯處於一個男女不平等的社會，因此在羊肉爐店多半僅有男性在享受羊肉爐這道美味的菜餚，並且多搭配一杯鮮紅色的羊血飲用。

越南的羊肉爐調味較重，並用帶皮羊肉與中藥材一同燉煮。台灣自1994年引進越南羊肉爐，第一家進入台灣的餐館是「越南東家羊肉爐」，也成爲越南菜在台灣首見的印象菜色。

(二)河粉

越南河粉是用米漿蒸出來的新鮮粉皮，有整大張及捲成腸狀的，也有切成條狀。越南河粉多用來炒、煮湯或包捲餡料。另外還有一種新鮮河粉，多捲成一團後再以眞空包裝出售，專門用來煮湯河粉。

越南牛肉河粉在湯河粉中最具代表性，高湯是以牛筋、牛骨熬製而成，並用新鮮甘蔗、薑、紅蔥頭作爲香料包，此香料可以去除湯內原有的羶腥味，製作出香濃味美的牛肉河粉。

(三)春捲

越南春捲是以米製成，有一點透明度，很Q。吃春捲時，桌上會放置一盤春捲皮（米紙）、一盤生菜、一盤米粉、一盤小黃瓜、一盤辣椒、一盤香菜、幾碗配料和魚露等。主內餡可以是肉片、蝦仁或魚肉等，自己將想吃的主食放置其中。

圖12-7　越南春捲和魚露

整個食用方式十分特別。首先，必須將切割好的米紙攤在手掌上，然後依次放上生菜、香菜、米粉、小黃瓜……等，包裹好後沾上調配好的魚露吃。

(四)咖啡

越南的咖啡屬於炭燒咖啡，以有名的Robusta咖啡豆磨成粉，然後使用滴漏的方式做出咖啡，爲越南最受歡迎的越南熱咖啡。

由於越南曾是法國殖民地，因此生活習慣有一部分也受到法國影響，在咖啡的製作上即是如此，此種做法稱爲法式滴露咖啡，是越南人日常生活中不可或缺的飲品。製作方法是在杯子內放煉乳，杯口罩上鋁製過濾器，在過濾器內放入適量的咖啡粉，再用熱水沖泡，讓咖啡滴到杯子內與煉乳混合，風味相當獨特。

(五)甘蔗蝦

甘蔗蝦也是越南名菜，它的做法是將新鮮的蝦肉剁碎後加材料攪成膠狀，裹在去了皮的甘蔗外圍，這種膠狀食材才能黏住甘蔗，然後放在炭火上烤熟。食用時，可以沾魚露或椒鹽吃，也可以直接食用，享用蝦泥與甘蔗的甜味融合而成的美味。而烹調時需要注意的是在蝦肉不會太老的前提下，將甘蔗的甜味滲入蝦肉內。

第五節　法國菜

一、源由

法國菜的歷史背景主要是發生在十六世紀時，義大利公主凱薩琳因政治因素下嫁給當時同年齡的法國王儲亨利二世，她帶了五十位私人廚師陪嫁，這些廚師把義大利在文藝復興時期所盛行的烹調方式及技巧引進法國，而原本就對飲食文化頗爲重視的法國人，便將兩國在烹飪上的優點融合在一起，如此更提升了法國菜在世界的地位。

正統的法國料理講究精緻、優美、正式、拘泥形式。法國人要求在不同的風土環境下選用不同的食材，烹調出口味各異的美食，對色、香、味十分重視；另一方面，法國菜也相當重視盤飾，食物處理十分地精緻，擅長功夫菜，連帶也對進餐氣氛非常講究。法國人重視依節令來選購食材，如在夏天時食時蔬，秋天吃野味及生蠔。「法國美食」是最早出現在2010年的聯合國教科文組織公布屬於「非物質文化遺產」的其中之一。

二、特色飲食

(一)食材

法國人將傳統的古典菜餚推向所謂的新菜烹調法（nouvelle cuisine），並相互運用，讓調製的方法更講究風味、天然性、技巧性、裝飾和顏色的配合，牛肉（beef）、犢牛肉（veal）、羊肉（lamb）、家禽

（poultry）、海鮮（seafood）、蔬菜（vegetable）、田螺（escargot）、松露（truffle）、鵝肝（goose liver）及魚子醬（caviar）等材料，運用最爲廣泛。法國鵝肝醬舉世聞名，而一般的食用方法可以直接食用，也可以塗抹在法國麵包上一起食用，但市面上的鵝肝醬多不是百分之百的鵝肝，一般鵝肝醬分成三種：

1.10%的鵝肝和90%的豬肉香料調製而成。
2.鵝肝醬泥大約占30%，70%爲香料。
3.百分之百的鵝肝做成。

在台灣，亞都麗緻飯店的巴黎1930餐廳與張振民主廚所開創的法樂琪餐廳，可說是早期在台灣的法國餐廳代表。主廚運用各式道地的材料配合新穎、造型特殊的餐具，將法國菜的精緻性完全表現出來。近年來，則有在日本拿到米其林殊榮的法國餐廳來台設店，如侯布雄法式餐廳；榮獲2020台北米其林的「桌藏」餐廳則是新一代的法式餐廳。

(二)紅酒

法國是世界上盛產葡萄酒、香檳和白蘭地的地區之一，法國的葡萄酒生產量更居世界之首，因此，法國人對於酒在餐飲上之搭配使用亦非常講究。如在飯前應飲用較淡的開胃酒；食用沙拉、湯及海鮮時，飲用白酒或玫瑰酒；食用肉類時飲用紅酒；飯後則飲用少許白蘭地或甜酒類。另外，香檳酒慣用於慶典時較多，如結婚、生子、慶功等。一般紅酒的等級區分與產地都可自酒標中辨識出來。

(三)地中海料理

由於法國南方瀕臨地中海，因此這個地區的料理屬於地中海飲食（Mediterranean diet），並以普羅旺斯省爲主，材料則以橄欖油、香料與當地新鮮食材爲主。

圖12-8 法國菜——燒烤羊排附地中海燴時蔬

普羅旺斯盛產蔬果，種類繁多，如番茄、青紅黃椒、檸檬等。加上臨海，所以有各式各樣的海鮮，並以橄欖油搭配入菜，因此相較於法國北部多使用奶油、較爲濃稠的料理設計，地中海料理口味則較爲清淡，也符合台灣人的口味。其中最爲著名的菜色即爲「馬賽海鮮濃湯」。

「馬賽海鮮濃湯」是過去漁夫將賣剩的鮮魚煮成一大鍋的「貧民菜」，約有七、八種不同的鮮魚，並加上紅番花香料及普羅旺斯香草所熬煮出來的濃湯，也配上一些蝦蟹類食材，相當具有海鮮原味且新鮮，不久便成了馬賽的招牌菜。

其餘如地中海香煎羊排、普羅旺斯燒烤螯蟹等，都是當地著名的名菜。但根據2010年公布的聯合國食物文化遺產的「地中海飲食」，該殊榮則由地中海沿海的國家，包括希臘、義大利、西班牙、摩洛哥、克羅埃西亞共和國等五國獲得，到了2013年，則又增加葡萄牙和賽普勒斯兩國。共同的食材元素皆爲小麥、橄欖以及葡萄。由於地中海沿岸適合農業的發展，因此蔬果的種類繁多，當地人皆使用當地的食材，並以當令的食材進行烹煮，相當原味。也難怪現在有許多倡導所謂健康飲食的人，都提到應以地中海飲食作爲指標，不無道理。

第六節　義大利菜

一、源由

義大利料理堪稱世界四大料理之一，其烹調法爲世界最古老的技術之一，時間可追溯到古希臘時期。古希臘時期的羅馬人多爲農民，因此食用的食物以生產的農產品爲主，隨著羅馬帝國的興盛，與外地的交易日漸頻繁，鹽與香料的引進，使得烹調法更加多樣，唯人民仍舊重視展現食物的天然風味，所以羅馬人的飲食內涵可說是義大利與歐洲料理基礎的鼻祖。

義大利料理歷史悠久，從它的文化背景即可看出端倪。義大利人自文藝復興時代起即對烹調技巧和材料的運用相當講究，甚至還認爲義大利料理是法國料理的鼻祖，其中是有一故事的。傳說十六世紀時，義大利公主凱薩琳下嫁法皇亨利二世時，將義大利的傳統烹飪方式帶入法國，而法國人進而將兩國烹飪上的優點加以融合，並逐步將其發揚光大，創造出了現今最負盛名的法國菜餚。

二、特色飲食

(一)義大利麵

一般我們用pasta統稱義大利麵，這個詞來自義大利語的paste，有「黏貼」之意，指的是麵糰的黏貼。義大利麵食與其他國家麵食的相異與獨特之處在於它的配方，義大利麵主要是用當地的杜蘭小麥（durum wheat）製成的麵粉來做麵條，由於杜蘭麵粉含高量的麩質及其低水分的特性，所以不僅能夠製成乾燥的義大利麵，卻又能煮成具柔軟的麵條口感。

◆形狀

由於義大利麵的形狀多變，而不同的設計也運用在不同的烹調法上，因此以下將就烹調法的分類來進一步介紹義大利麵的形狀。

1.煮用：
 (1)圓細長義大利麵（spaghetti）：是最普通、最受歡迎的義大利麵。
 (2)通心粉（macaroni）：適合搭配如奶油醬汁等口味較重的醬汁。
 (3)蝴蝶結（farfalle）。
 (4)螺旋樣（cavatappi）。
 (5)筆管形（penne）。
2.湯用：湯用的義大利麵體形較小且較細。例如：
 (1)小鵝毛筆（pennette）。
 (2)小星星（stelline）。
 (3)米粒（risoni）。
 (4)貝殼（conchiglie）。
3.烤用：用來烘烤的義大利麵較少，在菜單上常以「焗義大利麵」的字樣列出，不過在進烤箱之前還是得先經過煮麵的手續。包括：
 (1)千層麵麵皮（lasagna）。
 (2)中間有洞（bucatini）。

圖12-9 米粒狀的義大利麵——risoni

(3)貝殼狀（conchiglie）。

4.包餡：包餡的餃子花樣較多，但餃子是否好吃全取決於餡的新鮮度及皮本身。有正方形（ravioli）或是魚餃形（tortellini）的形狀。另外，有以馬鈴薯爲材料製成的橄欖球形（gnocchi）的義大利餃。

◆義大利醬

早期的義大利麵是吃原味，並不加醬料。麵條煮熟後，淋上橄欖油、加上新鮮羅勒等香草調味便可以食用。義大利人後來逐漸發展以羅勒、奶油爲基底的醬料搭配義大利麵；加上番茄於十六世紀引進義大利，以番茄爲基底的醬料也應運而生。

台灣常以紅、白、青醬區分義大利麵的醬料。市面上最常使用的是「紅醬」，是以原味番茄泥（passata）或罐頭番茄爲主要原料；白醬則是由奶油、麵粉、牛奶打底製作而成，「白醬」因富有濃郁奶香，最常拿來做焗烤、千層麵料理。波隆那雞肉麵餃（Chicken Agnolotti）的內餡是以菠菜、雞肉、大蒜、洋蔥、青花苔、辣椒、桔子皮、紅椒、甜椒等製成，拌上奶油香菇醬後，加上帕瑪森起司烤至金黃色，淋上義大利肉醬，是道非常道地的義大利北方代表。「青醬」也是義大利麵較常使用的醬汁，主要成分是松子粒及羅勒（basil），也會加入橄欖油一同製成。

(二)披薩

傳說義大利的披薩是由馬可波羅於明代自中國帶回的餡餅改良而成，但卻無法自任何文獻與相關證據證明此事，反而在字典中可以得知，義大利披薩的起源地是拿坡里（Napoli）。

2004年5月，義大利農業部爲了保障國寶「拿坡里披薩」，捍衛正統披薩，嚴格規定披薩的做法，包括規定材料、規格、製作過程，並頒布製作規範，除了形狀厚薄外，該使用哪種麵粉、酵母、油、番茄、調味料等也都清楚條列，照著規則做出來的才叫正統的拿坡里披薩，不然都不能算是義大利披薩，是冒牌貨。此舉震驚世界各地，但也喚起人們對傳統披薩

圖12-10　義大利批薩

的重視。在2017年，義大利以「拿坡里披薩的傳統製作手藝」獲得聯合國教科文組織頒發非物質文化遺產之殊榮。

第七節　英國下午茶

一、源由

台灣相當流行喝下午茶，但若要瞭解其源由，應該追溯英國的歷史背景，而英國也是唯一在西歐諸國中保有紅茶文化的國家。從十七世紀開始，英國便自中國直接進口茶葉，並沒有在自己的屬地與殖民地生產。英國東印度公司於1600年設立後，印度便一直是英國的殖民地，但直到1823年才在殖民地印度阿薩姆、大吉嶺等地方發現野生的茶樹；到了十九世紀後半，其生產量已高於中國茶葉之上，並能夠供給英國所有的需求，成了日後英國紅茶文化之所以發達的重要因素。

紅茶是支持大英帝國的重要文化之一。印度或是錫蘭（現在的斯里蘭卡）的紅茶最爲重要，因爲前者是世界第一大產區，後者則是第二大產區。因爲這兩個地方的紅茶泡起來味道濃厚，加上英國人發展出許多的調製茶，包括紅茶專門使用的牛奶、薄荷、肉桂、佛手柑油等香料，使得英國成爲紅茶文化的重要發展地，也是紅茶文化的重要傳播中心。

二、飲用習慣

英國人最主要的喝茶時間是在用完一天的正餐後才開始。十七世紀中葉，正餐時間大概在早上十一點到中午十二點左右開始，內容非常豐富，而且十分奢侈，還會配上飲酒；通常吃完正餐要花上大約三至四個小時之久。當正餐用完後，人們就喜歡繼續待在餐桌邊，開始抽菸、聊天，再喝點酒。女士們就習慣退到起居室中，安靜地聊天、做針線活、喝茶，通常她們的舉止都比她們的男人來得優雅。到了傍晚時分，男士們將其活動告一段落後，便會參加女士們的茶會。有時候他們會一起玩牌，或聽音樂演奏，一直到再吃完一份簡餐後，才會和主人告別。

到了十九世紀末，「茶」和「英國」這兩個字已經連在一起，英國小說家George Gissing曾提到：「英國人對專心家務的天賦才華莫過於表現在下午茶的禮儀當中。當杯子與盤子所發出的叮噹聲愈多，就有愈多人的心情進入愉悅的恬靜感之中。」二十世紀，「喝茶」已成爲家家戶戶日常生活中不可或缺的一部分。

圖12-11 傳統英式下午茶餐具

圖12-12 民間常使用的下午茶餐

參考文獻

一、中文

羅勃．喬瑟夫（2001）。《法國美酒完全指南》。台北：貓頭鷹出版社。
徐建民（2001）。《西餐烹飪學上冊》。台北：品度股份有限公司。
黃恭婉主編（2002）。《料理材料大圖鑑》。台北：永中國際出版。
彭怡平（1998）。《隱藏的美味》。台北：商周出版社。
周孟如譯（1998）。《紅茶事典》。台南：太谷文化。
張玉欣（2020）。《飲食文化概論》（第四版）。新北：揚智文化。

二、網站

歐洲經典食材購物網，http://ecar.cffoods.com.tw/a004.htm
英國癌病研究組織，http://www.cancerresearchuk.org
五福旅遊，http://www.lifetour.com.tw/dream/europe/italy/italy2000_meal.htm
比薩家族，http://www.50pizza-family.com.tw/pizzapaper04.htm
比薩家族，http://www.50pizza-family.com.tw/pizzap
吉安諾法國家鄉料理餐廳，http://www.giano.com.tw/
Yilan美食生活玩家，http://yilan.url.com.tw/gourmet/gourmet-021029.htm
Yilan美食生活玩家，http://yilan.url.com.tw/gourmet/gourmet-041130.htm

現代飲食生活趨勢

學習目的

- 認識健康飲食新型態
- 瞭解黑心食品
- 認識未來飲食趨勢

現代社會進步，物質生活富裕，人們滿足自身的溫飽之後，轉而追求身體的健康，也開始關注食物對生態環境的影響。除了飲食習慣逐漸以「健康」為優先考量外，從事各種健康飲食的實踐，也致力於環保飲食的推廣，於是近年來紛紛興起有機飲食、環保飲食等飲食新型態。

在食材的選擇上除了以有機食物作為優先選擇，也會思考無農藥的食材，價格不再是第一考量。此外，隨著環保、保育的口號興起，人們也開始重視生態保育，尤其是新冠肺炎疫情在2020、2021年對全球造成的嚴重威脅，人們也重新反省飲食的內涵與意義，並以保護地球的觀點來重新思考飲食的習慣與方式。本章將介紹全球當前及未來的飲食新型態，包括有機飲食、素食、慢食、環保飲食，及近年來關注的黑心食品問題、食品標示與生產履歷等議題。

第一節　有機飲食

有機飲食由於配合國人對健康的積極需求，近年來受到國人的廣大認同，而農委會也因應此趨勢，著手擬定與有機飲食相關的法令與規章等，企圖讓這個未來最被看好的有機市場能有一個明確的方向可依循。

一、定義

行政院農業委員會為規範並輔導有機農產品之生產、加工及行銷，以維護消費者權益，保護生態與環境，確保自然資源永續利用，依據民國107年訂定的《有機農業促進法》第三條，介紹有機用詞的相關定義，其中提到「有機農業」的定義為：「指基於生態平衡及養分循環原理，不施用化學肥料及化學農藥，不使用基因改造生物及其產品，進行農作、森林、水產、畜牧等農產品生產之農業。」有機農業資訊中心也提到：「有機農業是一種完全不用或儘量少用化學肥料和化學農藥之生產方式。」

並定義「有機農產品」就是：「指農產品生產、加工、分裝及流通過程，符合中央主管機關訂定之驗證基準，並經依本法規定驗證合格，或符合第十七條第一項規定之進口農產品。」

二、有機飲食的條件

爲提高有機農作物栽培之可行性，有害病蟲、動物及雜草儘量鼓勵採行栽培防治、物理防治、生物防治及天然資材防治等，以避免傷害土壤、水資源及農業生態環境，以維持農業之永續生產並提供品質優良而安全健康之食品。也就是說，經營有機農場必須保持良好的環境條件，其空氣、土壤及水源必須無污染情形。

三、有機飲食的優點

由於有機食品的生產方式有賴於充分利用各種作物殘株、禽畜廢棄物、綠肥植物、油粕類，以及農場內外其他各種未受污染之有機廢棄物，和富含養分之礦石類等製成堆肥，以改善地方，同時供應作物所需養分。可以說是以最天然的方式生產出來的產品，因此對現今講究食品安全的消費者而言，無疑提供一套完整的事前保護措施。以下就有機食品在食品安全上展現出來的優點進行說明：

(一)就食物美味而言

根據《美國農業貿易季刊》報導，全美國數百位美食主廚認同有機食品風味較一般食品爲佳。同時國內研究報告亦指出，有機農耕法栽培之稻米，其游離糖含量較高，以及直鏈澱粉含量較低，其食味品質較佳。

(二)就食品安全而言

根據《美國農業貿易季刊》報導指出，有機食品未必比傳統食品更有營養，但有機食品不用人工殺蟲劑、除草劑、殺菌劑及化學肥料，產品較爲衛生安全。

(三)就食物保存期限而言

根據台中區農業改良場試驗結果，化學農法栽培之楊桃貯藏五天即開始產生褐斑，八天就劣變；有機楊桃到第十二天才有劣變情形。同樣類似情形也發生在番石榴等水果上，因此有機農產品有耐貯藏性較久之特性（資料來源：行政院農委會）。

四、有機食品之標章

截至2021年，由行政院農委會輔導之有機標章的驗證機構已達十四所，因此台灣也出現十四種有機認證標章之奇怪現象。因爲一般西方國家基本上均會統一標章設計，以方便消費者辨識。然而，台灣卻出現十四種標章供消費者辨識，不僅對於國人來說有其難度，對於在台的國外消費者或在國外欲買台灣的有機商品的消費者而言，更是一大難題。

表13-1將介紹台灣官方目前授權的有機認證單位、認證內容與認證標章的內容。

表13-1　台灣有機農糧產品驗證機構與其農產品與標章內容

有機農糧產品驗證機構	驗證農產品內容／標章內容
財團法人國際美育自然生態基金會（MOA）	有機農糧產品、有機農糧加工品（個別驗證） TAIWAN ORGANIC 有機農產品 MOA® MOA 有機轉型期 (財)國際美育自然生態基金會
台灣省有機農業生產協會（TOPA）	有機農糧產品、有機農糧加工品（個別驗證） TAIWAN ORGANIC 有機農產品 TOPA
台灣寶島有機農業發展協會（FOA）	有機農糧產品、有機農糧加工品（均個別驗證） TAIWAN ORGANIC 有機農產品 寶島有機驗證 www.foa.org.tw SN #00000-0000 寶島有機驗證 www.foa.org.tw F0000-0000
暐凱國際檢驗科技股份有限公司（FSI）	有機農糧產品（個別驗證）、有機農糧加工品（個別驗證） TAIWAN ORGANIC 有機農產品 ORGANIC AGRICULTURAL PRODUCTS 有機農產品 FSI 暐凱國際 12345678 FSI 暐凱國際 有機轉型期農產品 AGRICULTURAL PRODUCTS IN CONVERSION 12345678

（續）表13-1　台灣有機農糧產品驗證機構與其農產品與標章內容

有機農糧產品驗證機構	驗證農產品內容／標章內容
國立中興大學（NCHU）	有機農糧產品、有機農糧加工品（個別驗證）
環球國際驗證股份有限公司（UCS）	有機農糧產品、有機農糧加工品（個別驗證）
采園生態驗證有限公司	有機農糧產品（個別驗證）、有機農糧加工品（個別驗證）、有機水產品（個別驗證）、有機水產加工品（個別驗證）
慈心有機驗證股份有限公司（TOC）	有機農糧產品、有機農糧加工品（個別驗證）、有機水產加工品（個別驗證）

（續）表13-1　台灣有機農糧產品驗證機構與其農產品與標章內容

有機農糧產品驗證機構	驗證農產品內容／標章內容
財團法人和諧有機農業基金會（HOA）	有機農糧產品、有機農糧加工品（個別驗證） TAIWAN ORGANIC 有機農產品 / 有機農產品 樣張 和諧有機農業 / 王小明 OA-1234567 有機轉型期 樣張 和諧有機農業 / 王小明 / 產地：台灣 / CA-1234567
驗證有限公司（ZHCERT）	有機農糧產品、有機農糧加工品（個別驗證） TAIWAN ORGANIC 有機農產品 / 中華驗證 COAS ORGANIC 中華驗證 COAS 有機轉型期
朝陽科技大學	有機農糧產品（個別驗證）、有機農糧加工品（個別驗證） CYCC CYCC CYCC CYCC / TAIWAN ORGANIC 有機農產品 / 朝陽科技大學 Chaoyang University of Technology 有機農產品 農產加工驗證中心 Agro-processing Certification Center / OAA000000 朝陽科技大學 Chaoyang University of Technology 有機轉型期 農產加工驗證中心 Agro-processing Certification Center
成大智研國際驗證股份有限公司	有機農糧產品、有機農糧加工品（個別驗證）、有機水產加工品（個別驗證） TAIWAN ORGANIC 有機農產品 / 有機農產品 ORGANIC CAIC成大智研 有機轉型期 TRANSITION ORGANIC CAIC成大智研

（續）表13-1　台灣有機農糧產品驗證機構與其農產品與標章內容

有機農糧產品驗證機構	驗證農產品內容／標章內容
安心國際驗證股份有限公司	有機作物、有機加工、分裝及流通（個別驗證）
財團法人中央畜產會（NAIF）	有機畜產品、有機畜產加工品

第二節　環保飲食

一、定義

環保飲食包含兩項意涵，其一指的是外在的，從購買食材一直到烹煮食物、廚餘處理所該有的環保意識與動作；其二是指內在部分，即採取正確的飲食觀念做好體內環保，如前所述的有機、生機飲食皆屬於體內環保的一種。

二、外在環保飲食實施現況

台灣雖然曾在2002年由行政院環境保護署實行「禁用免洗餐具（保麗龍與塑膠類）」政策，但似乎效果不彰，多年來免洗餐具仍舊充斥在夜市、小吃攤、甚至學校的學生餐廳。近幾年來，外帶冷飲店的迅速擴張，造成免洗杯與吸管的大量垃圾。根據行政院環境保護署統計，台灣一年使用的塑膠吸管數量高達30億支，因此政府推動限塑政策，期望能減少塑膠製品的使用。

目前台灣的限塑政策中包括四大日常過度浪費的塑膠製品：塑膠購物提袋、塑膠吸管、免洗餐具，以及一次性外帶飲料杯，其三項與飲食有直接關聯，可見台灣民眾在日常的飲食生活中使用過多的塑膠製品。政府此次強力推出「限塑」政策，並將分爲三個階段漸進式的禁止使用各種塑膠製品，規劃於2020年、2025年以及2030年完成全面禁用塑膠製拋棄式餐具。

2019年7月1日起，學校、百貨商場、速食店、政府部門四大場所，開始實施禁用一次性吸管政策，民眾除了自備環保餐具，店家也會提供紙吸管或是改爲就口杯。9月份開始，兩大超商宣布不主動提供一次性吸管，一同響應環保，預估一年可以減少使用5.5億支吸管。

依據台灣環境資訊協會指出，保麗龍餐具（PS發泡材質）雖然具有保溫、保冰效果，然而卻不耐酸、不耐熱！盛裝液體溫度超過70℃或遇到封口機的高熱時，容易釋出苯乙烯，而長期接觸苯乙烯可能對人體造成心律不整、肝腎功能受損、甚至致癌等危害。所以，「吃一頓免洗餐具餐，等於吃下毒素大餐」，也留下無以彌補的公害問題。

台灣飲料店越開越多，每年使用超過兩億個保麗龍杯，但回收率僅兩成，已嚴重污染環境與海洋，但禁用保麗龍餐具法規似乎遙遙無期，因此多由地方政府訂定相關規範。例如台中市政府環保局明定2021年元月1日開始，全面禁用保麗龍餐具相關製品，一旦發現違規使用，將會處以

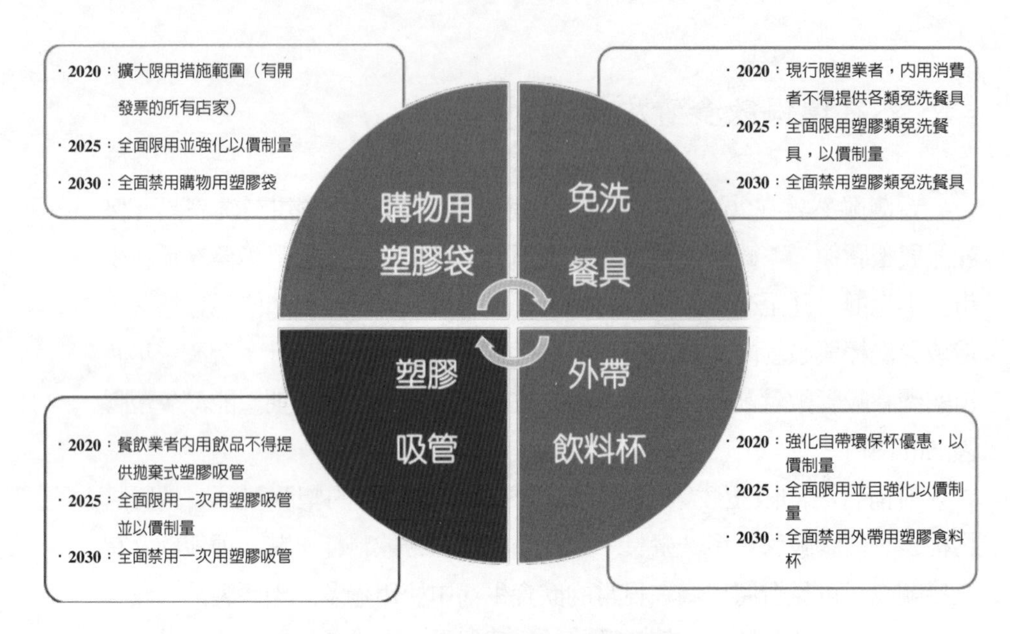

圖13-1　政府漸進式禁用塑膠製品

資料來源：環境資訊中心；製圖／李雅雰

1,200元以上、6,000元以下罰鍰，並通知限期改善，屆期未完成改善，按次處罰。台南市則在2012年曾訂定「台南市低碳城市自治條例」。內容規定百貨公司業及購物中心、量販店業、超級市場業、連鎖便利商店業、連鎖速食店、有店面之餐飲業及連鎖指定飲料販賣業，將不得提供保麗龍杯具。

行政院環保署原訂2015年擬定的「發泡塑膠類飲料杯管制措施」草案，則似乎還在立法院闖關中。

三、環保飲食注意事項

(一)外在環保

1.不使用免洗餐具用餐，以防毒素隨食物吃進人體。

2.不在路邊攤用食，以免髒空氣污染食物。

3.自備購物袋，減少塑膠袋使用，保護地球環境。

4.廚餘回收，讓「垃圾變黃金」。目前政府已積極推廣廚餘回收，每天的垃圾車都可以回收廚餘。台塑企業也與政府合作，負責將回收的廚餘統整處理。估計每年全台灣將近258萬噸廚餘可回收將近七成，可製成100萬噸有機肥料，有效解決國內廚餘污染問題。

(二)體內環保

飲食的方式影響身體健康甚鉅，加上現代人追求口感至上的精緻美食，使得威脅健康的文明病接踵而來，於是身體講究環保的概念便應運而生。而環保飲食之所以能夠讓人體遠離疾病，其首要條件就是促進體內廢棄物的排除，不讓身體不需要的成分留在體內的時間太長，導致毒素的產生及再吸收，所以體內環保便要求提供無污染的食物。以下是體內環保的飲食注意事項：

◆營養均衡

現代人由於外食機會多，飲食時常不定時也不定量，如果是應酬，那麼一餐下來，大概吃進去的蛋白質量是每日營養建議量的兩三倍，蔬菜則是三天吃不到一天的量，所以現代人普遍存在纖維素攝取不足、便秘及胃腸功能不佳等問題，因此應多食蔬菜水果。每天三碟以上（一碟相當於100克或3兩）的蔬菜，可以讓食物的纖維素在身體健康上扮演一個稱職的角色，不只預防便秘，還具有降血脂、平衡血糖及預防癌症的作用（陳思廷）。

◆**確保食物的營養不流失**

雖然不同食物含有不一樣的營養素，但正確的烹煮處理方式才是確保吃下去的食物之營養能夠被身體吸收。因此下列幾種確保食物營養不流失的基本方法可供作參考：

1.根據西班牙的一項科學研究指出，多吃蔬菜可以增進健康，但是用微波爐處理蔬菜會使營養流失，其中流失的營養又以抗氧化分子最多。因此，最佳的烹調方式還是建議採用清蒸與水煮。

2.蔬菜應該要即購即食，貯存時間不要太長。若要貯藏，應選用紙袋或是多孔的塑膠袋套好，放在冰箱下層或陰涼處。洗菜時要切記先洗後切，可減少營養流失。

3.肉類在解凍時會流失一些含水溶性維生素的肉汁，因此為冷凍肉品解凍時，不可反覆地解凍再冷凍，否則容易在解凍過程中造成營養流失，而且也易造成細菌繁殖、肉質劣化的現象。

4.現代人缺鈣，自天然食物中補充鈣質是最好的。例如，在熬煮豬骨時，應加少許的醋，可以幫助骨頭內的鈣質釋出，得到較完整的鈣質營養，並避免使用高湯塊。

5.使用生食法時，儘量使用有機蔬果，以免將農藥吃進肚子。若能每天吃一份生菜，可以增加體內的新陳代謝；有機的紅蘿蔔、小黃瓜等也都可以生食。

當人類在享受現代化便利生活的同時，也正曝露在許多有害物質之中，經由水、空氣、食物或是自皮膚吸收，例如食品用鋁箔裝盛或烹飪，使用烘焙膨鬆劑、殺菌劑和化妝品，在不知不覺中就會讓重金屬囤積在我們體內，輕則有頭疼、拉肚子、疲倦的症狀及加速老化，重則出現言語障礙、失智甚至致癌等病症。鉛、汞、鋁、砷都是會堆積在人體的重金屬，這些堆積在體內會爲害健康與生命的重金屬，分別有會導致肌肉痛、貧血與動脈硬化的「鉛」；會造成疲勞、暈眩、掉髮與語言障礙的「汞」；會出現貧血、肝腎功能變差與失智症狀的「鋁」；以及會引發嘔吐、下痢、皮膚色素沉澱與致癌的「砷」。

多吃排毒食物，有助去除體重金屬。面對這些潛藏在身邊而又避不掉的重金屬汙染威脅，如何排毒就成了每個人必須思考與解決的重要問題。現在非常流行採用「蔬食排毒法」，既簡單又無副作用。其實，在我們平日常吃的蔬菜中，就有八種具有強大的排毒功效（陳亦云，2018）：

1.海帶：海帶中的褐藻膠因含水率高，在腸內能形成凝膠狀物質，有助於排除毒素物質，阻止人體吸收鉛、鎘等重金屬，排除體內放射性元素。

2.番茄：番茄含有豐富的維他命C，而維他命C能排解各種重金屬毒，像是鉻、鋁、鉛等，而番茄有很好的抗氧化還能原能力，可與有毒物質結合，降低體內的重金屬含量。

3.胡蘿蔔：胡蘿蔔是有效的解毒食物，與體內的汞離子結合之後，能有效降低血液中汞離子的濃度，加速體內汞離子的排出。

4.大蒜：大蒜中所含的大蒜素，可與鉛結合成爲無毒的化合物，能有效防治鉛中毒。此外，大蒜還能提高肝臟的解毒功能，阻斷亞硝胺致癌物質的合成。

5.地瓜：地瓜含有豐富的膳食纖維，可以吸附食物中的有毒物質，並迅速將毒物帶離腸道，能減緩體內對有毒物質的吸收，是體內環保的好食材。

6.綠豆：綠豆性寒味甘，可解酒毒、野菌毒、砒霜毒、有機磷農藥毒、鉛毒、丹石毒、草木諸毒、鼠藥毒等毒，促進機體的正常代謝。

7.南瓜：南瓜中富含的果膠，可以清除體內重金屬和部分農藥，故有防癌防毒的作用；南瓜中富含的鈷是合成胰島素必需的微量元素。

南瓜還能消除致癌物質亞硝酸胺的突變作用。

8.黑木耳：黑木耳中的植物膠質有較強的吸附力，可將殘留在人體消化系統內的雜質排出體外，起到清胃滌腸的作用。黑木耳對體內難以消化的穀殼、金屬屑等具有溶解作用。

第三節　素食與原始人飲食

一、素食

全球約有5%的素食人口，以國別來說，印度的素食人口高達50%，英國次之，占有25%，台灣則是13%，居於第三位，根據2019年的統計調查，台灣約有三百萬素食人口。有些人是爲了宗教因素或是身體健康而吃素，有些則是思考因人類飲食所造成生態環境的破壞而吃素。台灣目前吃素仍以宗教因素爲主，以下將先介紹素食的起源與內容。

(一)素食的起源

佛教徒在飲食上的最基本要求爲素食，其主要動機是爲了心懷慈悲、普渡衆生，因此不可殺生，這可說是佛教兩千餘年的一貫主張；不過主張素食的同時，其實際上也對身體的健康有所助益。在《四分律》卷十三曾提到：「食粥有五事：善除飢、除渴、消宿食、大小便調適、除風患。」食粥者有此五善事。

但很多人誤解「素」的原意，以爲只要非肉即素。事實上，佛教所指的「葷」字，是指有刺激性氣味的植物性菜蔬，即所謂的「五辛」，專指有強烈氣味甚至藥味的蔬菜（白化文，1995）。一般而言，指的是蔥類、蒜類、韭類和香菜與茴香之類的蔬菜。但由於佛教在漢化過程中，奉行大乘佛教，再經由南梁武帝的提倡，佛教僧人均忌食一切的肉食與「葷食」，人們便漸漸把「吃葷」與「吃肉」劃上等號，而不知道葷食是五辛之說的由來。但目前吃素的規定已較過去寬鬆，甚至可以食用奶製品。

而台灣信仰比例最高的「道教」也以素食爲主。《玄門大論》中對道教飲食文化曾說道：「一者爲粗食，二者爲蔬食，三者爲節食。」（史泓，1994）因爲蔬食口味清淡，與道教所求之粗、淡食相應，再加上其認爲肉食有害眞氣，因此蔬菜便爲道教飲食文化的主要食物。但是道教的蔬食與佛教相同，即將「五辛」視爲葷食，拒絕食用。

(二)素食的種類

素食一般可分爲四種：

1.蛋奶素食：即是不吃肉，但吃蛋類及奶類產品（例如起士、優酪乳等）。現今全世界素食人口中，大多數屬於這一類（林俊龍，2005）。
2.蛋素食：即是不吃肉、不吃奶類產品，但吃蛋。
3.奶素食：除了植物性食品外，亦食用乳類及其製品，像牛乳、牛油、乳酪等，亦即不吃肉、不吃蛋，但吃奶類產品。
4.素食主義（Vegan）：Vegan的中文翻譯爲「素食主義」，與一般素食者（vegetarian）相異的地方是強調不食用所有跟動物有關的食物，包括動物的肉、奶，或是相關產品製程的食品，如起司等。選擇Vegan的人絕大部分的主因在於環境生態的保護，而非宗教因素進而選擇吃素。

(三)素食應注意事項

許多研究指出，吃素容易造成營養不均衡，因此，要想吃到健康又營養的素食，慈濟大林醫院林俊龍院長以科學的素食爲研究基礎，告訴茹素者該如何吃最健康。

1.食材的選擇：應以種類豐富、纖維含量高的食物為優先，例如以五穀雜糧或糙米飯代替白米飯；多以蔬菜搭配豆麵製品烹調為原則。

2.主食的重要：六大類食物中主要影響血糖的食物是「主食類」、「水果類」和「奶類」。許多素食者不吃主食類食物，改吃不甜的水果和多吃蔬菜，結果血糖一樣居高不下。其實，主食類主要提供熱量來源，一樣需按份量食用（女性每餐約八分滿，男性每餐約一碗飯）。

3.水果的份量：不甜的水果，如葡萄柚、百香果、檸檬等一樣含有果糖，如果每天喝兩杯葡萄柚汁，每杯的熱量約240大卡，糖分含量還是非常高，因此水果仍不宜多，每餐以不超過一個拳頭大小的水果為宜，儘量不喝果汁。多選用富含維生素C的水果，如番石榴、柑橘類、葡萄柚、奇異果、櫻桃、草莓等等，以幫助鐵質的吸收。

4.豆類製品：豆類製品雖然不影響血糖，但是每天份量以不超過一碗為限，以免增加腎臟負擔。素食中特別值得一提的是「蒟蒻製品」，如素花枝、素魷魚、素貢丸、干貝球等，這些食物因具高纖維、低熱量，是非常適合糖尿病人的食材。

5.油脂類食物：油脂類食物愈少愈好，選用堅果類，應注意攝取量，以免大量攝食造成熱量過多，反而對健康有害。

(四)黑心素食

最近幾年來黑心食品不斷充斥於市面上，造成民眾很大的困擾，連因宗教因素茹素的民眾也必須小心是否吃到「葷」的黑心素食，這樣的商品或許在營養健康上並不會危害人體，但就宗教觀點來看，是眞正破壞了素食者的修行。為此，行政院消保會已在2005年6月宣布，相關單位將在年底前對素食品、重製商品建立標章制度，但目前制度尚未完全建立。

「黑心素食、肉品充斥　牛肉乾變馬肉」新聞報導

調查局日前執行「打擊民生的犯罪計畫」，抽檢市面上素食產品以及肉製食品，檢驗後赫然發現，居然有高達五成的素食產品中含有肉製成分，誇張的是，居然還有業者把比較便宜的馬肉乾當成牛肉乾，賣給不知情的消費者。

小心！你吃下的素食可能是葷的！調查局抽檢市面上素食產品，發現裡頭多摻有肉品成分，台北縣市的31件樣本當中，就有17件混有肉品，超過一半以上的比例，堪稱歷年最高，其中在超市、超商鋪貨的兩種素便當，裡頭的素肉排和素火腿，每100公克就有20公克的牛肉漿和豬肉漿，讓吃素的人可能因此破戒。

調查局科學鑑識處技正蒲長恩：「如果素食肉品比例很高，就很難推說我是砧板洗不乾淨，或是葷素容器弄錯了，那就不能講理由，因為有一個比例原則在。」

資料來源：TVBS，2009，https://news.tvbs.com.tw/entry/133718

反觀歐洲，由於素食主義的人口衆多，歐盟建立了全球性的素食認證標章，由歐洲素食聯盟認證，目前已有來自三十多個不同國家、超過二百名成員加入聯盟。歐洲素食聯盟頒發以vegetarian此單字爲設計訴求的「V素食認證標章」，在歐洲西起西班牙東至俄羅斯，北起冰島南迄希臘，在所有歐洲各地皆爲合法有效，並被各國完全接受及信賴。

符合歐洲素食聯盟之「V素食認證標章」的產品，表明不含任何動物肉品、動物肉品及骨頭的再製產品或者動物性脂肪等，可以完全符合素食者食用要求。

圖13-2 歐盟素食聯盟認證標章

二、原始人飲食法（Paleo diet）

原始人飲食的概念由腸胃病學家Walter Voegtlin在1975年所提出，但直到2002年才由Loren Cordain發揚光大，並正式出版成書——*The Paleo Diet*。由於此飲食法強調石器時代的原始飲食生活，Loren相信此法可以幫助緩解糖尿病、高血壓、膽固醇過高、痘痘與大腸激躁症等疾病。在2012年，原始人飲食被認爲是最新趨勢的飲食法，2013年「Paleo diet」一詞在google是被搜索最多的減肥方法。

「原始人飲食」以過去石器時代之原始人會採用的飲食方法爲主要訴求，強調並鼓勵現代人食用自然的食材，相信原始人比現代人健康無慢性病之原因即在此的差別。因此穴居飲食（caveman diet）和石器時代飲食（stone-age diet）這兩個詞也常被相提並論。

原始人飲食法主要強調自然，因此建議食用的食材以天然生成的爲主，如新鮮的肉類、魚類、雞或鴨蛋、蔬菜水果等；核果類則包括各式核果，或核果粉（如杏仁粉等）；種籽類則有如芝麻、南瓜籽、葵花籽等；油脂則強調不加工的椰子油、橄欖油、芝麻油、甚至豬油等；飲料也是自然獲得的山泉水、花茶、果汁等。因此加工的食物是不推薦的，像是乳製品、穀物、糖、豆類、加工的油、鹽、酒精類飲料或咖啡等。**表13-2**則為此法建議食用與避免食用的食材類別。

由於原始人飲食法限制了一般人常用的食物，因此造成許多的爭議。例如：原始人飲食法不包含人類鈣質的重要來源——乳製品；此飲食法也不包含大部分人類的主食、也是膳食纖維的來源——穀物。如何在採用原始人飲食法又兼顧營養素的平衡，或許是採用此飲食法需要注意的課題。市面上已有許多有關原始人飲食法的食譜書，在一些有機市場中也有與原始人飲食法相關的食材販售，此飲食模式在西方國家蔚為風潮。

表13-2　原始人飲食法採用與避免的食材明細

建議食用	避免食用
水果	乳製品
蔬菜	穀類
瘦肉	加工的食物及糖
海鮮	豆科植物
堅果和種子	澱粉
健康脂肪	酒精

圖13-3　素食主義常與原始人飲食法相提並論，一同實踐

第四節　慢食

一、源由與定義

「慢食」是由義大利人柏翠尼（Carlo Petrini）於1986年所倡導的反潮流而動的一項飲食行爲，是一個新的英文詞彙，又稱爲慢嚐或慢餐，並在義大利成立國際慢食協會（International Slow Food Movement），該會目前已遍布全球近五十個國家，國際慢食協會台北分會則在2006年初正式成立，之後在2015年，花蓮、新竹、台中、高雄也都陸續成立分會，並同樣以國際總會的標誌「蝸牛」，作爲台灣各分會的標誌。

慢食主義者致力讓慢食成爲一種文化，以對抗西方世界所流行的「速食」（fast food）文化，並主張慢食應該包含美食（meal）、菜單（menu）、音樂（music）、禮儀（manner）、氣氛（mood）、聚會（meeting）等六大元素，簡稱爲6M。後來逐漸確認慢食的宗旨爲：討論人類如何獲得良好的（good）、乾淨的（clean）、公平（fair）的食物。

二、理念與未來

慢食的理念強調的不僅是「慢」，而是追本溯源地重視料理的每一個環節。從食材的培育、土壤的養分、烹飪的時間、調味的拿捏，到最後餐具的選擇和擺飾。每一道佳餚入口後，所品嚐的是農人、廚師的汗水和專業，只有從緩慢而認眞的咀嚼和呑嚥中，才能感受到其中的珍貴。

在義大利，慢食主義的推行者於1997年更提出所謂的「方舟計畫」，主動至農家中發掘將被遺忘的食品資源和製作方法。甚至提倡下田耕種，參與蔬菜的栽種與牲畜飼養，甚至是環境的照料和烹飪方式，讓自己親身體驗食物製作的每一個步驟。這些慢食主義的美食者，追求的不僅是知識與專業的學習，更是對食物本身的品味與感恩。目前台灣成功登錄在「品味方舟」（Ark of Taste）的食材包括台灣原生紅藜、白毫烏龍茶（東方美人茶）等。

這項由國際慢食組織發起人Carlo Petrini所提倡的慢食主義，在全球已逐漸引起共鳴，甚至來到台灣。而這項慢食理念未來將會逐漸走進你我的生活，讓我們重新學習飲食生活的經營。

圖13-4　以蝸牛標章為代表的慢食精神

圖13-5　台灣慢食協會代表團在2016年參加世界慢食博覽會

三、世界慢食博覽會

該組織除了每年在全球各地由各分會舉行相關活動外，位在義大利都靈（Turin）的總部則兩年舉辦一次「世界慢食博覽會」（Terra Madre Salone del Gusto），其中的Terra Madre指的是「地球的母親」，或是翻譯爲「母親的土地」，希望人類自所從事的飲食行爲、行動來愛護地球、愛護這片土地，而不是要破壞她。

第五節　黑心食品、食品標示與生產履歷

一、黑心食品

近年來因爲不法商人常利用食品的販賣，圖取私利，而引發所謂的黑心食品危機，一旦吃下這些商品，將對人體造成極大危害，如衛生署曾經查獲的病死豬肉、加漂白劑的金針、含戴奧辛的鴨皮蛋、含去水醋酸的瓜子、假米酒、劣質豬油等。

所謂的「黑心食品」這一詞在法律上並不存在，眞正黑心食品的定義應該包括下列兩項，皆是違反《食品安全衛生管理法》之規定。

1.不該給人吃的，拿來給人吃：也就是黑心商人存心詐騙消費者所生產販賣的食品。例如病死豬肉屬於廢棄物，應按照廢棄物的管道回收或銷毀，不能再食用。但若把這些病死豬肉當作食物，無論是否有害人體健康，絕對是黑心食品。

2.對消費者的健康、權益有重大危害的食品，也是黑心食品。例如食物中有不該添加的防腐劑，蔬菜水果使用不該使用的殺蟲劑，養雞

鴨使用不該使用的抗生素；甚至添加合法但過量的防腐劑；或者使用「合法」的抗生素，卻沒有適當的停藥時間等。

以下為2014年爆發劣質黑心豬油之新聞報導內容。

強冠製造黑心油 「全統香豬油」全面下架

又爆發黑心油事件，衛福部食藥署南區代主任劉芳銘中午受訪指出，目前經追查，查獲的回收油唯一被確認製成食用油的部分，共九批，242公噸，由高雄大寮的強冠公司，在今年3月1日至8月29日製成15、16公斤的「全統香豬油」桶裝成品，已要求全數下架回收，呼籲業者或民眾若發現上述製造日期及品名的油品，應立即禁用、通報或辦理退貨。

劉芳銘說，因「全統香豬油」是目前確認唯一有用到業者郭烈成販售的回收油製成的食用油產品，且為15、16公斤的桶裝成品，應主要為營業用，分裝成小包裝的成本利潤高，應不致再經分裝銷到一般的量販店、大賣場。至於強冠製成的廢油油品銷到哪些下游廠商？流向哪些餐廳、小吃店、攤商？目前仍待追查。

他並表示，製成食用油的成分，除了是榨過的回收油外，有沒有會危害人體健康的添加物，或是像中國過去爆發抽取地溝的油製成的「地溝油」亦仍待釐清。

食藥署強調，強冠以榨過的回收油製成食用油，已違反《食品安全衛生管理法》第15條，不符食品衛生標準，有變質、腐敗之虞，依法可罰6萬至5,000萬，另可能涉及其他刑責。

資料來源：https://news.ltn.com.tw/news/society/breakingnews/1097907

二、食品標示與生產履歷

除了黑心食品外，2021年1月1日開放進口萊豬，讓台灣民衆的恐慌感不斷上升。「豬肉水餃用的是萊豬嗎？」等議題占據新聞版面，紛紛擾擾半年之久。其實，不應該只是萊豬需要受到關注，台灣長期以來存在的食安問題，主要都是因爲食品或餐飲業者提供的資訊不透明。因此食品標示與生產履歷則顯得特別重要。

(一)食品標示

「包裝食品之標示」用途——係因製造業或販賣業打算將其產品銷售範圍擴大或陳售時間延長，而讓消費者購買時能依標示之內容得知以確保其權益。台灣的食品標示內容依照2019年修訂的《食品安全衛生管理法》，第五章〈食品標示及廣告管理〉第22條：「食品及食品原料之容器或外包裝，應以中文及通用符號，明顯標示下列事項：

一、品名。

二、內容物名稱；其爲二種以上混合物時，應依其含量多寡由高至低分別標示之。

三、淨重、容量或數量。

四、食品添加物名稱；混合二種以上食品添加物，以功能性命名者，應分別標明添加物名稱。

五、製造廠商或國內負責廠商名稱、電話號碼及地址。國內通過農產品生產驗證者，應標示可追溯之來源；有中央農業主管機關公告之生產系統者，應標示生產系統。

六、原產地（國）。

七、有效日期。

八、營養標示。

九、含基因改造食品原料。

十、其他經中央主管機關公告之事項。」

然而，2020年下半年爭執不休的萊豬事件，也讓政府在急促的決策下制定台灣豬標章，由行政院農委會和衛福部分別制定。**表13-3**爲其標章與內容的差異性比較。

表13-3　台灣豬肉之標章——農委會與衛福部之比較表

發放單位	農委會	衛福部
樣式	TAIWAN PORK 臺灣豬	本店使用 台灣豬 TAIWAN PORK；本店使用 ○○豬 ○○PORK
名稱	臺灣豬標章	豬原料原產地標籤貼紙（台灣豬貼紙／進口豬貼紙）
取得方式	需申請標章，符合條件才核發	❶網路自行下載 ❷各政府單位發放
用途	用於證明業者使用的豬肉皆為國產豬	為豬原料原產地標籤貼紙，用於業者販售豬肉製品的產地標示
意涵	豬肉、可食部位及主要原料是 100%國產豬肉	僅供業者自主標示，用來區分台灣豬及進口豬
效期	3年	✘（無規範）
是否稽查	先提出申請，由農委會負責確保豬肉溯源	事先輔導業者，衛福部後續會稽查產地來源

資料來源：葉懿德（2020）。《康健雜誌》。

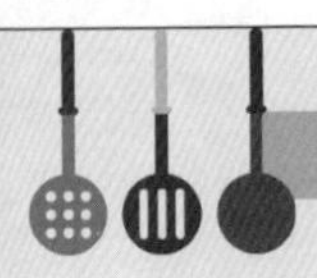

中央萊豬不標示　新北業者自己標

因應萊豬明年初即將進口，中央只願意標示原產地，民眾無法分辨「萊豬」、「非萊豬」。新北市政府宣示成立食安聯合稽查小組，加強肉品來源稽查和抽驗，9日也邀集糕餅公會、食品業者和檢驗公司，宣示新北使用進口豬肉的餐飲店家必須要「標出萊」。

為了讓消費者對於豬肉萊劑零檢出更有信心，市府要求使用進口豬肉的餐飲店家必須透過檢驗確認，標出「不含萊克多巴胺」資訊，藉由立法全面保護、業者清楚標示及市府加強稽查，建立完整的新北食安防護網。

參加記者會的侯友宜表示，新北市明年將由衛生局、農業局、經發局、教育局、社會局、法制局、警察局及新北市調查處成立食安聯合稽查小組，加強肉品來源稽查及抽驗，各項專案有主責機關，向上追溯原料來源，向下追蹤產品流向，如果查獲不符規定者，將依法處辦。

侯友宜說，新北市秉持以市民食品安全為首要，落實預防為先之目標，制定比中央還要嚴格的條例，堅持萊劑零檢出，另外還依據《新北市食品安全衛生管理自治條例》，經公告業別之業者如使用進口豬肉原料，須進行萊克多巴胺檢驗，並將檢驗不含萊克多巴胺的資訊供消費者參考，如使用國產豬者，則須提供產地證明。除了新北食安自治條例公告的業別，也鼓勵本市餐飲業者一同響應，將使用進口豬肉的產品自行主動送驗並標示，一起打造讓新北市民安心的用餐環境。

衛生局長說明，《新北市食品安全衛生管理自治條例》瘦肉精零檢出修正草案經議會三讀通過，下一步將函送行政院核定公告，如有檢出瘦肉精將予以重罰。倘未依規定檢出乙型受體素含量超過安全容許標準者，依食品安全衛生管理法可處6萬以上2億以下罰鍰；若檢出未超過安全容許標準者，依本自治條例第17條之1處新台幣3萬元以上10萬元以下罰鍰，並得按次處罰。

陳潤秋表示，自110年1月1日起經本市食品安全衛生管理自治條例第7及13條另行公告之業別須於本市食材登錄平台揭露「豬肉及其豬肉原料原產地」、「是否含有萊克多巴胺」及「上傳相關檢驗報告或來源證明」等事項，並於營業處所公開揭露，未依規定進行登錄及標示者，經命其限期未改正者，依《新北市食品安全衛生管理自治條例》第17條，最重可處新台幣10萬元罰鍰，並得按次處罰；倘標示或平台登錄不實，可依《食品安全衛生管理法》處4萬元以上400萬元以下罰鍰。

另因應食品業者自主管理檢驗需求增加，衛生局特別媒合SGS、全國公證、歐陸檢驗、振泰檢驗科技、暐凱國際檢驗、台美檢驗等6家檢驗公司，凡食品業者公司或商業登記地、營業處所、户籍地或居住所設籍於本市之業者或民眾，皆可用優惠價格送驗，檢驗費用原本3,150，也降至2,300。

資料來源：康子文，MSN新聞，2020年12月9日，https://www.msn.com/zh-tw/news/living/中央萊豬不標示—新北業者自己標/ar-BB1bL0sV

由於台灣法規規範的「產地」這部分，資訊模糊，欠缺明確說明。舉例來說，如果國內水餃食品業者採用萊豬的豬肉原料在台灣工廠製成水餃，產地標示仍可以是「台灣」，前述之黑心食品提到的強冠豬油是從越南進口的油品在台灣加工製成，也可以稱爲「台灣製」的豬油，台灣相關主管應該多參考國外案例與規範，杜絕目前的弊端。

以澳洲爲例，澳洲政府鑒於全球化的潮流，不僅人口快速流動，食品與食材也因爲市場供需的全球化，同樣跟著移動。2016年，澳洲競爭及消費者委員會（The Australian Competition and Consumer Commission; ACCC）特別針對食材來源的重點，以保護消費者爲前提，在《澳洲消費者法》（Australian Consumer Law; ACL）中強制規範食品或食材包裝上需要提供「必要性資訊」。

圖13-6　袋鼠標誌與食材占比尺規

該法規明定以四種用詞加上袋鼠標誌與食材占比尺規，來清楚解釋食材來源。以下爲該四項用詞的說明，也可以是未來台灣政府在研擬產地標示可以參考的重要資訊。

1. 澳洲種植（Grown in Australia）：此主要是針對在澳洲這塊國土上種植的蔬果，如果有此標示，代表該食材是百分之一百澳洲本地產，如生菜、蘋果等。但如果是在澳洲飼養的牛、羊、雞、豬等，可直接標示澳洲牛（Australian beef）等，以此類推。
2. 澳洲生產（Produced in Australia）：此標示指的是利用百分之一百的澳洲產原料，並在澳洲當地生產、加工的食品，如牛奶、起司、優酪乳、麵包等產品。以下四個例子可以進一步瞭解澳洲種植、飼養或是澳洲生產的食品標示。

一家超市出售來自澳洲農民種植的南瓜。南瓜可以被貼上此標籤	一家肉店賣的牛排是由澳洲奶牛在澳洲屠宰的。牛肉可貼上此標籤	一個魚市場出售在澳洲捕獲的澳洲鱸魚。這魚可貼上此標籤	一家飲料製造商在澳洲生產杏仁奶，使用澳洲產的水和澳洲種植的杏仁。杏仁奶可貼此標籤

圖13-7　澳洲以100%當地原料製成之食品標示所代表之意義

3.澳洲製造（Made in Australia）：「澳洲製造」與上述兩個詞不同，指的是食品的主要加工是在澳洲本地，但此標籤必須提供食材占比尺規的圖示，以便清楚瞭解此產品使用澳洲產食材之比例。規範中也提供食材比例的試算法。以下爲番茄醬的案例：

番茄醬的食材比例試算

番茄醬（淨重1,500克）

澳洲本地食材：番茄1公斤、橄欖油170克、糖20克、羅勒10克、水150克（總計1,350克）

進口食材：洋蔥130克、大蒜20克（總計150克）

計算出澳洲本地食材含量為：1350/1500=0.9=90%

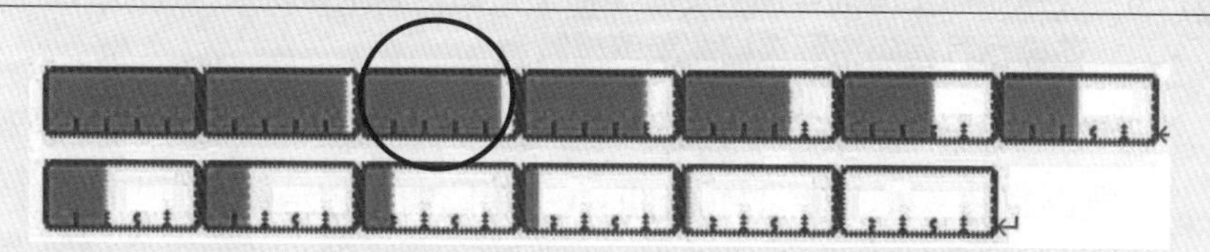

此為本地食材所占產品比例尺，番茄醬計算出90%，則比例尺需使用上排圈出的90%

圖13-8 亞洲超市販賣的花枝丸（左）雖在澳洲製造，依據標示，可看出僅有32%食材成分來自澳洲本地；香菇雞肉丸（右）則標示出有92%的本地食材成分

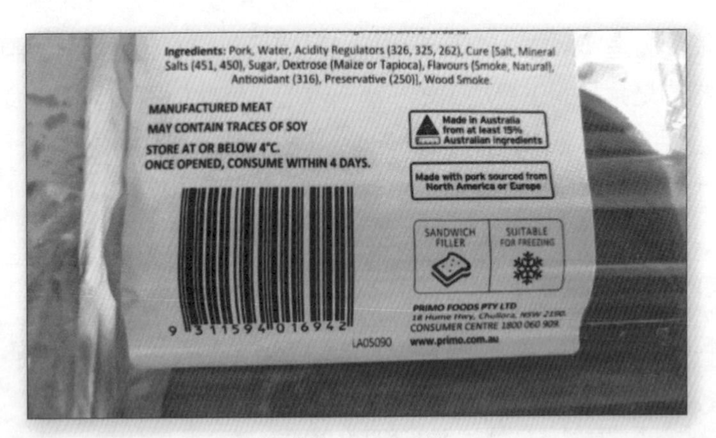

圖13-9　此為澳洲製造的三明治火腿，但標示中可看出食材僅15%來自澳洲，並標示其豬肉主要來自北美或是歐洲

4.澳洲包裝（Packed in Australia）：第四類指的是在澳洲本地對進口食材（品）進行一些次要加工（如切片或分裝），因此僅能用「澳洲包裝」的標示告知消費者，不可使用澳洲製造或澳洲生產等標示字樣與袋鼠標誌。

圖13-10　此為在澳洲加工裝瓶的果汁，但食材100%來自國外，本地食材比例尺標示顯示「零」

(二)生產履歷制度

食品產銷履歷制度源自歐盟及加拿大，並自1990年代開始實施，早期主要是針對狂牛症（BSE）危機，歐盟於是在1996年決定導入食品生產履歷制度，作爲因應BSE的對策，並率先應用在牛隻及牛肉身上，並在1997年制定最初的規則。

同樣地，日本也在2001年3月於E-Japan戰略內容中，針對食品生產履歷項目，明確指出「在2010年前實現所有食品的生產履歷」之目標。確立消費者第一的糧食供應體系，希望達到確保食品安全與安心的目標。

二、食品產銷履歷制度的定義

所謂「食品產銷履歷制度」是指「在食品的生產、加工、運銷等的各階段，針對原材料的來源或食品的製造廠或販售點，作記帳及保管的紀錄，使其能對食品及其情報資訊追究根源。往下游方向追蹤的叫做跟（tracking或trace forward），往上游方向回溯的叫做追（tracing或trace back）」。其中重點包括：

1.食品與情報資訊要結合在一起。
2.食品鏈的各階段紀錄不可缺少。
3.往上游方向的回溯追蹤，與往下游方向的追蹤是有可能的。

產銷履歷制度又被稱爲追蹤可能性（traceability），是根據與食品結合的情報資訊，對食品做識別，並以食品情報資訊的紀錄作爲線索，「跟」食品的目的地，以及「回溯追蹤」食品的生產履歷。在此情形下，具不可缺少的情報資訊是食品的特定識別號碼，此種管理食品的識別號碼，可以證明食品經過的路徑，並對食品做「跟」及「追蹤回溯」。附帶可以據以回收產品，迅速查明原因，以及作爲原產地標示的保證。

因此，產銷履歷制度在食品安全性方面，能夠容易在發生無法預期問題時迅速地探究其原因，或對問題食品追蹤其來源，據以回收。並且在「從餐桌起到農場為止」的過程中，清楚地確保食品的安全性或品質、標示，以獲得消費者的信賴。

三、導入產銷履歷制度的目的

1.提升情報資訊的可靠性。

2.提升食品的安全性。

3.提升業務效率。

大部分情形下，係同時追求上述三種目的，但是按照產品特性、食品供應鏈的狀態，及消費者需求，其優先順序可能有所不同。

四、台灣實施現況

台灣從2004年就開始規劃與試辦產銷履歷，在全國數十個農業產銷班與農業團體推行，輔導農友作田間工作紀錄，以及與產品安全品質有關的管理工作。在農委會試辦及農友們數年的努力之後，於2007年元月正式頒布施行《農產品生產及驗證管理法》，2019年則修訂為《產銷履歷農產品驗證管理辦法》。

基本上，市面上販售的產銷履歷農產品，都須通過驗證機構驗證程序後才能上市。驗證機構不但要先經嚴格評選，更有嚴厲行政罰則與刑事責任，以督促其善盡職責。一張標章代表驗證機構已經為您親赴農民的生產現場，確認農民所記是否符合所做的，所做的是否符合規範，並針對產品進行抽驗。

依據規定，只有通過產銷履歷驗證的農產品才可以使用「產銷履歷農產品標章」（簡稱TAP標章），並標示以下資訊：

1.TAP標章。

2.品名。

3.追蹤碼。

4.資訊公開方式。

5.驗證機構名稱。

6.其他法規所定標示事項：農產品經營業者、地址及電話等。

圖13-11　產銷履歷認證標章

圖13-12　岩喜屋所產白蝦的產銷履歷認證標章

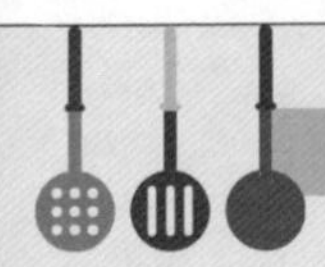

新北市貢寮鮑有產銷履歷 貢寮鮑食安心

東北季風吹響了貢寮鮑產季的號角，新北市貢寮鮑養殖業者已經準備好要將品質優良、肥碩飽滿的貢寮鮑提供給民眾，歡迎大家多多選購食用。「貢寮鮑」是在貢寮當地潮間帶養殖的九孔及黑盤鮑，新北市政府為了推廣貢寮在地優質水產品，除了建立「貢寮鮑」品牌，亦積極輔導貢寮鮑養殖户取得產銷履歷認證，是安心在地的絕佳食材。

貢寮鮑指的是新北市貢寮地區所飼養的九孔和黑盤鮑，貢寮鮑養殖於貢寮潮間帶養殖池的純淨海水中，以天然海藻餵食，加上無任何化學藥物的使用，是民眾可以安心食用的天然食品。每年11月至翌年3月是主要產季，產季期間貢寮海濱的養殖池可是熱鬧非凡，養殖池中常常可看到身著防寒衣、嘴咬黃色氣管在海水中穿梭採收的潛水工身影，池畔漁寮內的員工也是不停歇的將一籃籃採收上岸的貢寮鮑倒在分級檯上依規格分裝，當看到分級檯上那成堆肥碩的貢寮鮑時，養殖業者也不由自主地露出了笑容。

養殖貢寮鮑超過四十年的達人蔡豐助阿伯表示，照顧貢寮鮑除了要依據潮汐餵食貢寮鮑最喜歡的龍鬚菜及海帶等食物外，還需要定期潛水觀察貢寮鮑的成長狀況並用抽水馬達吸除池底沉積物以維持良好的養殖環境，如此細心照顧六個多月，才能有這粒粒肥碩的貢寮鮑。今年，蔡阿伯為了自家生產的九孔和黑盤鮑向漁業署申請產銷履歷驗證的補助經費，開始了產銷履歷驗證工作歷程，過程中他一度想要放棄，他不擅長使用電腦和操作網路，對使用智慧型手機也只會用聊天軟體跟打電話的人來說實在是一大困擾，但在新北市漁業處工作人員不斷的訪視輔導給予信心鼓勵，以及鮑魚生產合作社工作人員的協助下將蔡阿伯手寫的貝苗進貨紀錄、生產作業等林林總總的紀錄資料，一筆筆鍵入水產品產銷履歷登錄系統內，確保每一批期生產的貢寮鮑符合產銷履歷的規範和標準，過程雖然辛苦但也讓他生產的貢寮鮑順利地

通過了產銷履歷驗證，加入了溯源水產品的大家庭，將來也會繼續提供消費者安心、優質可溯源的新北市在地好食材——貢寮鮑。

新北市漁業處表示，近年來市府除了積極辦理未上市水產品產地監測，也輔導貢寮鮑養殖漁民通過產銷履歷認證或使用生產追溯條碼，讓消費者能夠買到新鮮、安全、可追溯的貢寮鮑，歡迎大家多支持在地安心優質的水產品。

參考資料：《大成報》（2020），https://n.yam.com/Article/20201225378161

第六節　飲食新趨勢

由於2020年遇到新冠病毒的疫情肆虐，改變許多人的生活型態，不能出國、不能外出用餐。有許多的專家學者們也因應實際環境的考量，提供2021年的飲食生活趨勢，其最終目的在於健康與安心。根據英國BBC與澳洲9Honey Kitchen專家等雙方提出的最新飲食趨勢介紹，內容整理如下：

1.學習祖母輩的飲食習慣：食品和營養作家路易絲·濟慈（Louise Keats）提到在食物方面，人們將重新接受祖父母、甚至曾祖父母那一代的思考。她說：「自己種植蔬菜，多吃本地食物，最重要的是，用從零開始烹飪的全食物之機會更多。」2021年，人們將避免加工零食和冷凍食品作爲晚餐。受過教育的消費者開始對這些食品唾棄，而喜歡自地上自然長大的天然食物，而非工廠食品。

2.更加渴望健康：雖然人們仍喜歡聚在一起吃一頓美味的飯菜，但卻可能選擇像以植物爲基底（plant-base）製作的食物，或低糖，或高蛋白質，或無麩質與鷹嘴豆粉等的食物。食物應該儘量避免使用人工添加劑，並可能期望食物含有其他功能性元素，如鮮奶加更多的鈣質。

3.準備好回到廚房：人們最終回到廚房，選擇優化自己的健康，幫孩子創造最好的童年。濟慈也提到：「人們最終選擇在廚房裡度過，將自己的健康從跨國食品公司的手中拿回主控權。因此廚房的多功能設備與做菜的環境舒適度均受到重視。」

4.享受在家烹飪的樂趣：由於疫情期間，在家工作的人數激增，過去因工作的交通時間限制，無法煮出一餐美味晚餐，但現在越來越多的人開始享受家庭烹飪的樂趣，並能學習從中獲得健康的益處。即使外送平台仍在此時扮演一定的角色。

5.飲食健康+功能性食品：雪梨的食品專家蘇多德（Sue Dodd）提到，人們在2020年對大蒜、生薑和所有的柑橘類水果（血橙、粉紅葡萄柚、檸檬和柑橘）之需求均有所增加，這種含有維生素C、抗炎和天然抗氧化劑功能的天然調味品的應用將持續到新的一年。

6.植物性膳食更趨流行：植物性膳食在2020年的市場接受度持續上升，未來對蔬菜所能展現的新的飲食呈現的需求將增長。蔬菜不再是簡單的、用鹽和胡椒調味的食物，消費者期待更多口味、有趣的蔬菜餐。未來在家或外出就餐時選擇「無肉餐」將變得更容易與更具創新性。

7.採用更多的新鮮香草和香料：人們在2020年對於新鮮香草和香料的興趣增加，世界各國應用的各種不同香料讓在家做菜的民衆也能享受異國美食。

8.食物來源需更加透明：消費者希望爲了健康而吃飯，但他們也關心環境、關注地球、氣候變化和我們食物的永續發展。支持在地種植者和生產者在未來愈爲重要。

9.重新發現當地的綠色食品商：消費者至超市購物一直是過去十年的

消費習慣，但由於疫情影響，在地購物感覺更加安全與方便。獨立經營的在地蔬果店表示，2020年的營收成長了20～30%，消費者也因習慣的改變，認識到更多優質的新鮮農產品，不僅味道更好，持續時間更長，整體價值也提昇。

10.嘗試實驗烹飪：消費者願意嘗試烹調更多的新口味，例如使用根莖類蔬菜、茴香（fennel）、蘑菇、甜菜根、綠葉蔬菜和莓果（berries）等，都是在2020年暢銷的食材。

參考文獻

一、中文

史泓（1994）。〈淡泊涵元氣，自然盡歸真——道教飲食文化〉。李士靖主編，《中華食苑》第八集，頁113-120。北京：中國社會科學出版社。

白化文（1995）。〈漢化佛教七衆飲食〉。《中國典籍與文化》，第2期，頁108-115。

李誠偉（2003）。〈台塑砸下150億回收廚餘〉。《中國時報》，8月16日，B1版。

林俊龍（2005）。《科學素食快樂吃》。台北：靜思文化。

二、網站

〈保麗龍杯裝飲料恐致癌 環保署擬全面禁止〉，《自由時報》，2015年1月3日，https://features.ltn.com.tw/spring/article/2017/breakingnews/1196409，2021年1月16日瀏覽。

〈食安事件頻傳…看懂食品身分證「產銷履歷」6大重點〉（2020），健康2.0，https://health.tvbs.com.tw/regimen/323929#11 food trends we'll be seeing，2021年1月28日瀏覽。

〈黑心素食、肉品充斥　牛肉乾變馬肉〉，TVBS (2009)，https://news.tvbs.com.tw/entry/133718，2021年1月25日瀏覽。

Katherine Scott (2020)，“11 food trends we'll be seeing more of in 2021”，202https://kitchen.nine.com.au/latest/11-food-trends-well-be-seeing-more-of-in-2021/421aab95-649c-4475-afa6-6a7700ebb20f，2021年1月20日瀏覽。

Lisa Drayer (2021)，“How to eat well in 2021”, https://edition.cnn.com/2021/01/06/health/eating-healthy-2021-plan-wellness/index.html，2021年1月20日瀏覽。

古源光、廖遠東、劉展冏（2009），〈食品科技與安全：農產品產銷履歷制度〉，https://scitechvista.nat.gov.tw/c/s29Y.htm，2021年1月17日瀏覽。

全國法規資料庫，https://law.moj.gov.tw/LawClass/LawAll.aspx?PCode=L0040001，2021年1月31日瀏覽。

有機農業全球資訊網，https://info.organic.org.tw/6003/，2021年1月17日瀏覽。

高今次（2020），〈新北市貢寮鮑有產銷履歷 貢寮鮑食安心〉，《大成報》（2020.12.25），https://n.yam.com/Article/20201225378161，2021年1月17日瀏覽。

康子文，MSN新聞，2020年12月9日，https://www.msn.com/zh-tw/news/living/中央萊豬不標示-新北業者自己標/ar-BB1bL0sV，2021年1月31日瀏覽。

陳亦云（2018），〈地表最強8種排毒食物 幫助排除體內重金屬〉。《Heho健康》，https://heho.com.tw/archives/10857，2021年1月16日瀏覽。

陳思廷，〈更有健康概念的環保飲食主義〉，http://www.healthonline.com.tw

曾義昌，食品標示與營養標示，https://www.tcavs.tc.edu.tw/upload/1020911181620.pdf，2021年1月28日瀏覽。

葉懿德（2020），〈「一萊擋百豬」 豬肉標示亂象，消費者怎辨識？〉，《康健雜誌》，https://today.line.me/tw/v2/article/npJNzM，2021年1月31日瀏覽。

歐瀚隆、李雅雩、羅珮瑜（2019），小世界（Newsweek），http://shuj.shu.edu.tw/blog/2019/10/02/%E5%A1%91%E8%86%A0%E5%90%B8%E7%AE%A1%E5%BC%95%E5%95%8F%E9%A1%8C-%E6%94%BF%E7%AD%96%E6%BC%B8%E9%80%B2%E6%94%B9%E5%96%84/，2021年1月16日瀏覽。

謝文華（2014），〈強冠製造黑心油 「全統香豬油」全面下架〉，《自由時報》（2014.9.4），https://news.ltn.com.tw/news/society/breakingnews/1097907，2021年1月17日瀏覽。

國家圖書館出版品預行編目（CIP）資料

飲食與生活 = Diet and life/張玉欣, 柯文華著.
-- 二版. -- 新北市 : 揚智文化事業股份有
限公司, 2021.06
面； 公分. --（餐飲旅館系列）

ISBN 978-986-298-368-3（平裝）

1.食物 2.飲食 3.飲食風俗

427 110008052

餐飲旅館系列

飲食與生活

作　　者／張玉欣、柯文華
出 版 者／揚智文化事業股份有限公司
發 行 人／葉忠賢
總 編 輯／閻富萍
特約執編／鄭美珠
地　　址／新北市深坑區北深路三段 258 號 8 樓
電　　話／(02)8662-6826
傳　　真／(02)2664-7633
網　　址／http://www.ycrc.com.tw
E-mail／service@ycrc.com.tw
ISBN／978-986-298-368-3
初版一刷／2007 年 11 月
二版一刷／2021 年 6 月
定　　價／新台幣 350 元